中国城市碳排放达峰和空气质量达标综合评估研究

——以广州市为例

伍鹏程　蔡博峰　黄继章　陈潇君　等/著

中国环境出版集团·北京

图书在版编目（CIP）数据

中国城市碳排放达峰和空气质量达标综合评估研究：以广州市为例/伍鹏程等著. —北京：中国环境出版集团，2022.7

ISBN 978-7-5111-5181-0

Ⅰ. ①中… Ⅱ. ①伍… Ⅲ. ①二氧化碳—排气—研究—广州②环境空气质量—研究—广州 Ⅳ. ①X511②X831

中国版本图书馆 CIP 数据核字（2022）第 108298 号

出 版 人	武德凯
责任编辑	丁莞歆
责任校对	薄军霞
封面设计	岳　帅

出版发行　中国环境出版集团
　　　　　（100062　北京市东城区广渠门内大街 16 号）
　　　　　网　　　址：http://www.cesp.com.cn
　　　　　电子邮箱：bjgl@cesp.com.cn
　　　　　联系电话：010-67112765（编辑管理部）
　　　　　　　　　　010-67147349（第四分社）
　　　　　发行热线：010-67125803，010-67113405（传真）

印	刷	北京建宏印刷有限公司
经	销	各地新华书店
版	次	2022 年 7 月第 1 版
印	次	2022 年 7 月第 1 次印刷
开	本	880×1230　1/32
印	张	5
字	数	110 千字
定	价	35.00 元

编委会

作 者

伍鹏程	生态环境部环境规划院
蔡博峰	生态环境部环境规划院
黄继章	广州市环境保护科学研究院
陈潇君	生态环境部环境规划院

贡献作者（按姓氏拼音排序）

曹丽斌	生态环境部环境规划院
窦新宇	清华大学
郭 芳	清华大学
胡秀莲	国家发展和改革委员会能源研究所

雷天扬　　　清华大学

廖翠萍　　　中国科学院广州能源研究所

刘　惠　　　武汉大学

吕　晨　　　生态环境部环境规划院

庞凌云　　　生态环境部环境规划院

王丽娟　　　生态环境部环境规划院

王　堃　　　北京市劳动保护科学研究所

张晨怡　　　上海交通大学

张　立　　　生态环境部环境规划院

张　哲　　　生态环境部环境规划院

张子涵　　　武汉大学

绘　图

伍鹏程　　　生态环境部环境规划院

蔡博峰　　　生态环境部环境规划院

吕　晨　　　北京工业大学

刘　惠　　　武汉大学

序 言

在我国经济发展新常态下，二氧化碳排放达峰和空气质量达标已成为生态环境管理部门的目标之一。"十四五"期间是我国落实二氧化碳减排自主贡献目标、强化环境和气候协同治理、实现环境空气质量达标和二氧化碳排放达峰"双达"的关键阶段。我国面临以下机遇：一是国家在针对生态环境系统不断完善监管和治理体系的过程中，为污染物和温室气体的协同控制提供了新动力；二是污染物和二氧化碳排放具有同根同源性，协同减排可以达成事半功倍的效果。但是在迎来发展机遇的同时，我国也面临诸多挑战。国务院发布的《打赢蓝天保卫战三年行动计划》明确提出要减少大气污染物和温室气体排放，但我国能源需求量仍呈现持续增长的态势，公众对清洁空气和气候变化的关注度越来越高，国家近年来也落实了一系列节能减排措施，取得了显著的协同减排效果，但要推进"双达"目标应进一步加强城市二氧化碳排放达峰和空气质量达标综合评估体系的研究和应用，助力我国在改善空气质量的同时，落实应对气候变化的协同治理工作。

我国目前仍处在工业化、城镇化和农业现代化进程中，能源需求和温室气体排放将在未来一段时间内继续增长，其中化石能源燃烧是温室气体排放最主要的来源之一，同时也带来了许多环境污染问题，尤其是大气污染问题，即部分温室气体和大气污染物的产生具有同源性，这种同源性对污染物和温室气体的协同减排与协同治理具有很强的现实意义。政府部门在实现"减污降碳"的同时，也能在一定程度上节约相应的成本。

本书得到了"基于排放情景-空气质量模型的中国城市'双达'评估方法研究"项目（国家自然科学基金，72074154）和美国环保协会北京代表处"中国典型城市温室气体达峰和空气质量达标综合效果分析"项目（2019-I-009）的支持，同时也是生态环境部环境规划院碳达峰碳中和研究中心长期以来多次组织专家研讨的研究成果，试图从方法学层面厘清省级或城市层面开展"双达"研究的方法。由于作者能力有限，不足之处敬请广大读者批评指正。

伍鹏程

2021 年 12 月于北京

目　录

引 言

1.1 研究背景

近年来，我国大气污染尤其是京津冀晋等地区的大气污染日益严重，已引起社会各界的重点关注，气候变化谈判也在不断深入，世界各国已逐步意识到应该探索可持续的新经济发展模式，以削弱经济发展不均衡、人群健康受威胁等诸多问题的不利影响。

气候变化影响着国家的生态安全、粮食安全及水资源的利用，增加地质和气象灾害形成的概率，影响物种多样性，危害正常的社会秩序和安定。能源是影响气候变化的重要因素之一，世界各地的能源需求在逐渐增长，导致二氧化碳（CO_2）排放量随之呈现逐年增长的趋势。国际能源署（IEA）的报告显示，2018 年全球碳排放量创下历史新高，能源需求增长率也是近 10 年来增长最快的。虽然各国都逐步转向可再生能源发展以适应时代的要求，但仍难以满足目前不断增长的能源需求，需要大量化石燃料才能满足经济扩张，通过碳减排实现《巴黎协定》明确追求的"硬指标"（21 世纪全球平均气温上升幅度控制在 2℃以内，并将全球气温上升控制在前工业化时期水平之上 1.5℃以内）举步维艰。在全球一体化的环境体系中，我国受气候变化影响的程度也在逐步增大，成为全球温室气体排放量最大的国家之一，为缓解气候变化做出了一系列碳减排承诺，展示了中国作为最大的发展中国家应有的大国担当。2014 年 APEC 会议期间，习近平主席宣布，中国计划于 2030 年前后 CO_2 排放达到峰值且将努力早日达峰。2016 年，国务院印发的《"十三五"控制温室气体排放工作方案》指出，要"统筹国内国际两个大局，顺应绿色低碳发展国际潮流，把低碳发展作为我国经济社会发展的重大战略和生态文明建设的重要途径，采取积极措施，有效控制温室气体排放"，同时明确了"到 2020 年，单位国内生产总值二氧化碳排放比 2015 年下降 18%，碳排放总量得到有效控制。氢氟碳化物、甲烷、氧化亚氮、全氟化碳、六氟化硫等非二氧化碳温室气体控排力度进一步加大"的目标。然而，根据发达国家的先行经验，城市化和工业化水平、经济增速、人均 GDP、第三产业占比及人口数量等因素与碳排放达峰存在着密切的联系，因此我国在经济、能源和技术上的协同与权衡方面面临着巨大挑战，如何在新常态背景下通过低碳发展带动经济平稳增长，并探索出一条符合我国国情的新型工业化和城镇化发展道路是考虑碳排放达峰的首要前提。

我国之前粗放式的经济发展模式导致了较为严重的环境问题（尤其是雾霾），这引起了公众的高度关注。我国意识到不能重复发达国家工业化时期无约束排放温室气体和污染物的发展道路，要摒弃"先污染、后治理"的经济发展理念。2013 年 9 月，国务院印发《大气污染防治行动计划》（也称"大气十条"），其中第一条强调"加大综合治理力度，减少多污染物排放"。2015 年，我国发布《中共中央关于制定国民经济和社会发展第十三个五年规划的建议》，多次提出"大力推进污染物达标排放和总量减排"，"完善污染物排放标准体系，加强工业污染源监督性监测，公布未达标企业名单，实施限期整改。城市建成区内污染严重企业实施有序搬迁改造或依法关闭。改革主要污染物总量控制制度，扩大污染物总量控制范围"。近年来，国家通过控制大气污染物总量排放，结合采取较大强度的空气治理手段（如通过环保行政执法监督企业是否存在偷排、不合规生产等），空气质量总体好转并有所改善。《2018 中国生态环境状况公报》显示，相比 2017 年，2018 年全国空气质量呈改善趋势，但也有部分城市空气质量超标，338 个地级及以上城市中，有 121 个城市环境空气质量达标，占全部城市数的 35.8%，比 2017 年上升 6.5 个百分点；217 个城市环境空气质量超标，占全部城市数的 64.2%。338 个城市平均优良天数比例为 79.3%，比 2017 年上升 1.3 个百分点。

《"十三五"节能减排综合工作方案》提出了"到 2020 年，全国万元国内生产总值能耗比 2015 年下降 15%，能源消费总量控制在 50 亿吨标准煤以内。全国化学需氧量、氨氮、二氧化硫、氮氧化物排放总量分别控制在 2 001 万吨、207 万吨、1 580 万吨、1 574 万吨以内，比 2015 年分别下降 10%、10%、15%和 15%。全国挥发性有机物排放总量比 2015 年下降 10%以上"的主要目标，以及"到 2020 年，煤炭占能源消费总量比重下降到 58%以下，电煤占煤炭消费量比重提高到 55%以上，非化石能源占能源消费总量比重达到 15%，天然气消费比重提高到 10%左右"的能源结构优化方案，还制定了全国各地区能耗总量和强度"双控"目标。其中，广东省"十三五"期间能耗强度降低目标为下降 17%、2015 年能源消费总量为 30 145 万 tce（吨标准煤），能耗增量控制目标为 3 650 万 tce。由此可见，不论是全国还是广东省，在未来的一段时间内仍需加强节能减排。

《柳叶刀》杂志发布的《全球疾病负担研究 2013》（GBD 2013）显示，2013 年全球空气污染导致 550 万例死亡；《全球疾病负担研究

2015》（GBD 2015）通过对多个国家、多种疾病和多种健康终点进行长时间序列分析，认为致死性疾病中心脑血管疾病、肿瘤、慢性呼吸系统疾病位列前茅，给社会带来了很大的经济负担，如肺癌的人均就诊支出约为 9 970 美元。世界卫生组织（WHO）发布的《2018世界卫生统计报告》（*World Health Statistics* 2018）显示，我国每 10万名死者中有 112.7 人死于室内和大气污染，相比 2016 年减少了 50.4人。随着空气质量的好转，我国由大气污染导致的死亡率逐步下降，因此也节约了一定的医疗费用，减少了社会经济负担。

气候变化与空气质量的关系密不可分。已有的研究中或单方面着重温室气体排放峰值，或着重空气污染效应，较少探索碳排放达峰和空气质量达标的综合效果分析。研究表明，在资源、气候变化和空气污染三重压力下，基于温室气体与大气污染物排放同源性，若进行协同管理，优化和统筹规划资源，将大大节约社会成本和经济成本，并会带来一定的协同增效。清华大学气候变化与可持续发展研究院解振华院长在联合国环境规划署高级别会议上发布的该研究院和气候与清洁空气联盟（CCAC）合作的研究报告《环境与气候协同行动——中国与其他国家的良好实践》表示，"中国 2018 年单位 GDP 二氧化碳排放比 2005 年下降了 45.8%，单位 GDP 能耗比 2005年下降了 41.6%，累计节能 21.1 亿吨标准煤，相当于减少二氧化碳排放约 52.6 亿吨，二氧化硫约 1 200 万吨，氮氧化物约 1 200 万吨。2005—2018 年间，每减排 1 吨二氧化碳，相当于减排二氧化硫 2.5千克，减排氮氧化物 2.4 千克。"但值得注意的是，温室气体减排手段和大气污染物控制也存在互斥现象，如新增末端脱硫设施、增加用电量、损耗更多能源、增加温室气体排放,因此在碳减排和污染物协同控制过程中,要尽量避免减排但不节能或节能但不减排的现象发生。

本书以碳排放达峰与空气质量达标为最终目标,以广州市为研究对象,将 CO_2 排放、大气污染物排放和空气质量进行关联研究,从空间化角度开展分析,为精细化、定量化、空间化和科学化的温室气体达峰和空气质量达标提供数据、技术和决策支撑,最终探索出碳排放达峰和空气质量达标的驱动力,为温室气体和污染物协同减排提供初步的理论探索。

1.2 研究目标与意义

CO_2 和大气污染物的协同减排是我国提升生态环境治理能力和推进可持续发展的重要方向,也是使温室气体排放达峰和空气质量达标的必经之路。本书旨在构建碳排放达峰和空气质量达标的综合评估体系,以碳排放达峰为前提条件,判断不同达峰情景下空气质量,如细颗粒物($PM_{2.5}$)达标情况,将 CO_2 排放量、大气污染物排放量和空气质量浓度融合于统一的空间网格中,识别协同管理区域/网格,推动精准"减污降碳"热点网格管理,探索城市 CO_2 排放和空气质量的协同管理,为推动广州市经济社会与环境的可持续发展提供政策建议,为粤港澳地区、我国其他城市,尤其是大型城市提供示范。

本书主要研究目标和内容包括以下四方面:

一是建立高精度(1 km)的统一空间网格化 CO_2 和大气污染物

排放清单。在大气污染物排放清单编制过程中，以本地排放清单为主，耦合 EDGAR 排放清单、环境统计数据、火电在线监测系统（continuous emission monitoring system，CEMS）、污染源普查数据、中国多尺度排放清单（multi-resolution emission inventory for China，MEIC）和统计年鉴等其他数据，通过 ArcGIS 软件进行重分配，得出空气质量模型模拟范围内自下而上的广州市本地主要大气污染物高精度排放清单，并通过实地调研和专家论证等方式确保排放清单的准确性。分析大气污染物排放部门/行业分布、各排放源的贡献率、排放清单的时空分布等特征，确定广州市大气污染物排放的重点行业；在现有碳核算方法和本研究团队已有的碳排放研究数据的基础上得出高精度（1 km）的广州市 CO_2 排放清单；对广州市碳排放清单和主要大气污染物排放清单的边界、排放源和部门划分进行统一界定，探索适用于城市尺度的碳排放和主要大气污染物排放的统一核算体系。

二是基于不同减排情景，分析城市碳排放达峰形势及其污染物变化趋势。根据各类城市规划文件（如"十二五"规划、"十三五"规划、城市环境总体规划等），了解城市能源消费量基本情况、能源结构优化、能源效率改进和技术手段等因素的现状及未来变化趋势，在一定的社会经济发展基本假设的前提下，设定城市未来碳排放的不同情景（如基准情景、达峰情景、低位达峰情景等），分析广州市碳排放达峰形势及污染物排放趋势，并得出不同碳排放达峰情景下空间化大气污染物排放清单。

三是构建碳排放达峰和空气质量达标的综合评估体系，提出碳排放达峰对空气质量达标的影响方案。通过"城市碳排放达峰情景-CO_2和大气污染物空间化高分辨率排放清单-空气质量模拟-协同管理区域/网格"系统分析，建立城市碳排放达峰和空气质量达标综合评估体系，识别协同管理重点部门和热点网格。具体做法是，结合上述第一方面和第二方面的研究结果，搭建空气质量模拟平台（WRF/ISAT/ CMAQ），将未来碳排放达峰情景下的空间化大气污染物排放清单输入空气质量模拟平台，模拟出广州市春、夏、秋、冬四季及全年的空气质量情况，判断城市空气质量（$PM_{2.5}$）是否达标，分别从时间、空间、排放源贡献率等多角度探索不同碳排放达峰情景对空气质量达标的影响；将空间化的碳排放清单、大气污染物排放清单和空气质量结果耦合于统一的空间网格中，基于一定的规则/阈值，识别出协同热点网格，并提出碳排放达峰对空气质量的影响方案，发挥生态环境保护督察对落实目标的促进作用，为城市碳排放达峰和空气质量达标精细化管理提供支撑。

四是提出应对气候变化与大气污染协同治理的政策建议。基于清单、技术手段和减排措施的协同效应分析，为城市落实碳排放达峰目标，加强行业和地方政府应对气候变化的行动，提出强有力的政策措施，为广州市整合生态环境管理职责、推进气候变化和大气污染的协同治理提供政策建议。

1.3 研究方法和技术路线

为更加全面系统地构建碳排放达峰和空气质量达标的综合评估

体系，本书采取多种研究方法开展探索，技术路线如图 1-1 所示。

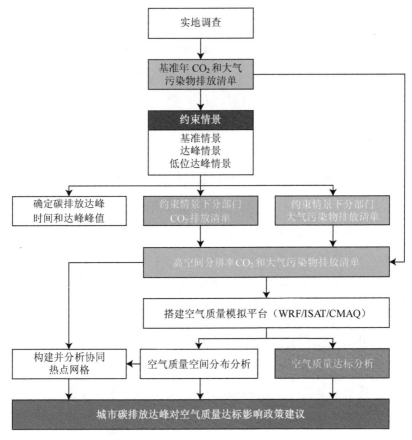

图 1-1　本书技术路线

1. 文献调研法

从研究方法、研究模型和政策制定等方面收集、梳理与归纳分析国内外学者关于碳排放达峰路径研究、碳排放达峰下 CO_2 和污染物排放量测算、CO_2 与污染物协同减排等方面的研究报告、论文及专著，系统深入了解国内外研究前沿、不足之处、发展趋势等方面的内容。收集和梳理广东省、粤港澳大湾区及广州市在经济、社会、生态、低碳建设等方面的政策文件中对广州市的具体要求，为广州市碳排放达峰情景、协同减排潜力研究和政策措施提供支撑。

2. 实地调查和专家访谈法

通过前期的数据统计分析，充分了解广州市能源消费结构及 CO_2 和大气污染物排放源的排放情况等方面的内容，结合《广州市节能减排技术及成果推广目录》等指导性文件，挑选并深入调研广州市多家代表性企业，充分了解企业的生产工序、协同减排技术和措施，以及对行业发展的未来预期、预期产能、预期能源结构调整等方面的内容；访谈相关行业协会、学术研究机构和政府主管部门等，核实和纠正企业调研结果，确定广州市各行业现有的减排技术、减排潜力和成本、发展趋势、未来规划等信息。

3. 情景分析法

情景的合理设定会直接影响未来城市污染物控制和空气质量的最终结果，因此碳排放达峰情景的合理推断至关重要。结合文献、实地调研、部门合作、对未来经济社会的合理推断等，本书首先从宏观层面设定城市社会经济发展模式，再细化构建城市各部门/行业未来可能的假设条件和发展情景，为碳排放达峰情景下城市及其各个主要行业/部门的碳排放及主要大气污染物排放趋势、减排潜力、数值模拟和减排效益等方面提供基础条件。

4. 数值模拟法

基于排放因子法，使用 LEAP 模型计算并验证广州市涉及能源相关行业/部门的碳排放量和大气污染物排放量；结合实地调研、专家访谈、LEAP 模型计算、多源数据耦合等手段计算基准年和碳排放达峰情景下大气污染物的排放情况，使用 CMAQ 模型模拟不同情景下的城市空气质量，分别判断空气质量达标情况，为识别协同管理重点部门、协同热点网格、协同减排管理模式等后续研究内容提供技术支撑。

5. 大数据统计分析法

道路移动源所依赖的基础数据较多、较详细（如机动车年均行驶里程、燃油消耗量等），但数据获取难度大。本书尝试借助高德开放平台的交通态势 API 接口获取广州市每条道路的名称、最高限速、车速等基础数据，并应用大数据统计分析等方法和模型编制广州市道路移动源的大气污染物排放清单和 CO_2 排放清单。

研究方法

2.1 LEAP 模型

国内外学者常用的预测碳排放方法/模型有 STIRPAT 模型、IPAT 模型、灰色预测模型、LEAP 模型等。由于 LEAP 模型的结构性较强，可结合情景分析法计算不同情景下的终端碳和污染物排放量，且本书前期的基础研究也主要使用 LEAP 模型，故本书使用 LEAP 模型开展分析和预测。

LEAP（long-range energy alternatives planning system）模型也称长期能源替代模型，是由斯德哥尔摩研究所和美国波士顿大学共同研究开发的一个集能源、环境与经济三者于一体的情景分析平台，其操作界面如图 2-1 所示。它是基于情景分析，广泛用于能源政策分析和气候环境评估的自下向上的一种分析模型。LEAP 模型的应用

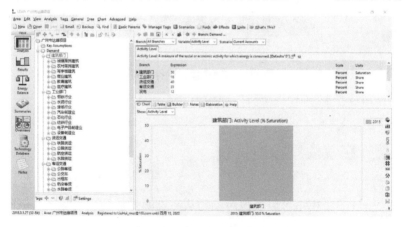

图 2-1 LEAP 模型操作界面

比较广泛：横向上，可应用到多种行业，如交通业、物流业、电力产业等；纵向上，可应用于对城市层面、省级层面、国家层面，甚至全球层面的能源与环境问题的分析。

LEAP 模型拥有完整的能源环境分析数据系统，其结构比较灵活，通过官网注册便可使用，具有完全公开性。模型使用者可以根据自身已有的知识储备和实践获得的经验，再参考国家政策及其他专家学者的文献资料，根据自己对经济、能源、环境未来发展的理解来设定不同的情景模式，并将设置的参数输入模型中，从而得到不同情景下的碳排放和污染物排放结果。

本书基于广州市本地化的相关数据构建 LEAP 模型，具体流程如图 2-2 所示。

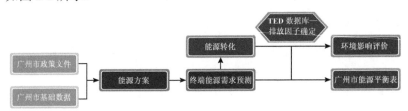

图 2-2　LEAP 模型运行流程

2.2　空气质量模拟平台

空气质量模型可以模拟污染物从污染源排放到大气输送、沉降等一系列过程，能再现污染物在大气环境中的迁移转化过程，进而得到研究区域内空气质量的时空特征。目前，空气质量模型已发展到第四代，其中第一代模型的代表有 EKMA、CALPUFF、ISC、AERMOD、ADMS 等，第二代模型的代表有 UAM、ROM、RADM 等，第三代模型的代表有 CMAQ、CAMx、WRF-CHEM 等。

分析碳排放达峰情景下的空气质量达标情况需要结合大气污染物排放清单，利用空气质量模型进行模拟分析。本书使用天河超级计算机，以 CMAQ 5.0.2 版本为核心，耦合 WRF 气象模型和 ISAT 源清单处理工具，最终搭建空气质量模拟平台 WRF/ISAT/CMAQ。该模拟平台包含 20 个节点，每个节点有 12 个核，使用 RHEL 5.3 发行版的 Linux 操作系统，采用的编译器为 Intel Fortran 编译器，并行通过 OPENMPI 实现。

2.2.1　WRF 气象模型

应用较为广泛的中尺度气象模型有 MM5（the fifth-generation pennsylvania state university-national center for atmospheric research mesoscale model）和 WRF（weather research and forecasting），但 WRF 对湿度、边界层高度、气压垂直分布等关键气象要素的模拟准确度要高于 MM5，因此本书采用 WRF 气象模型。该模型是由美国国家大气研究中心（NCAR）、美国国家海洋大气管理局（NOAA）和美国国家环境预测中心（NCEP）等多家单位研发和不断迭代更新的数值气象模拟预报系统，主要有两个版本：ARW（advanced research WRF）和 NMM（nonhydrostatic mesoscale model）。前者常用于科学研究，后者常用于业务预报，两者的主要区别在于动力求解方法。WRF 气象模型已广泛应用于业务数值天气预报和大气数值模拟研究等领域。本书使用最常用的 ARW 版本。

WRF 气象模型主要由 WPS(WRF pre-processing system)和 WRF 两个模块构成，WPS 为 WRF 的预处理模块，WRF 为主要计算模块，具体的运行流程如图 2-3 所示。

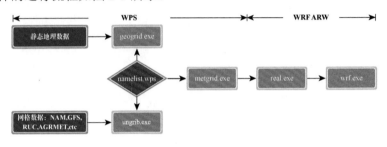

图 2-3　WRF 气象模型运行流程

WPS 模块由 3 个程序组成，这 3 个程序的作用是对数据进行预处理，为 WRF 主计算模块提供输入数据。WPS 模块包括 geogrid、ungrib 和 metgrid 三部分，其中 geogrid 的主要作用是确定研究区域，把静态地形数据插值到格点，为模型提供静态的地面数据；ungrib 的主要作用是解压 GRIB 格式的气象原始数据，将其转化并提取气象要素场；metgrid 的主要作用是将 ungrib 的气象要素场在水平方向上插值到模拟区域中，其最终的输出数据将作为 WRF 模块的输入数据。

WRF 模块就是数值求解的模块，也是 WRF 气象模型中最重要的计算模块，包括 real 和 wrf 两部分。real 的主要作用是将 metgrid 的输出数据在垂直方向上插值到 WRF eta 层中并产生边界文件；wrf 为模型的动力计算部分，采用的是完全可压缩、非静力的模型。水平方向采用 Arakawa C（荒川 C）网格，垂直方向采用地形跟随质量坐标，时间方面采用 3 阶 Runge-Kutta 积分。

2.2.2 ISAT 源排放清单处理工具

ISAT（inventory spatial allocate tool）源排放清单处理工具由北京市劳动保护科学研究所大气污染控制研究室的王堃及其他相关技术人员开发，主要由三部分构成：物种分配和时间分配等参数文件、exe 可执行文件和 ini 配置文件。本书使用 ISAT 工具将网格化的排放清单转化为 CMAQ 模式的可直接读取的排放清单文件，具体使用方法可参考王堃等发表的论文《基于 CSGD 的排放清单处理工具研究》。

2.2.3 CMAQ 模型

20 世纪 90 年代末，美国国家环境保护局（USEPA）研发了基于大气理念的第三代空气质量模式系统（Models-3/CMAQ），即 CMAQ 模型。该模型考虑了气象因素对大气中各种污染物的影响，提高了模型的可靠性，还实现了多尺度、多层网格嵌套模拟，增加了其在空间上的灵活性和通用性，已在国际上被广泛应用于大气污染物模拟、大气物种沉降、污染源区域传输、污染物的源和汇等研究方面。

CMAQ 模型主要由5个模块集成：①气象-化学接口（meteorology-chemistry interface processor，MCIP），用于将 WRF 气象模型生成的气象场转化为 CMAQ 模型可识别的格式；②初始条件模块（initial condition，ICON），可为模拟区域的所有格点提供初始浓度场；③边界条件模块（boundary condition，BCON），可生成模拟区域所需的边界条件；④光解速率模块（photolysis rate processor，JPROC），用于生成包含不同高度、纬度和时角的晴空光解率；⑤化学传输模块（chemical transport model，CCTM），其输入文件由 ICON、BCON 和 JPROC 提供，是 CMAQ 模型的核心，其实质是一个大气化学和运输数学模型，用于空气质量模拟，最终可输出6种文件，具体为每小时瞬时浓度文件（CONC）、重启文件（CGRID）、每日平均浓度文件（ACONC）、干沉降文件（DRYDEP）、湿沉降文件（WETDEP）和每小时瞬时能见度文件（AEROVIS）。图2-4为本书搭建的WRF/ISAT/CMAQ 模拟平台结构。

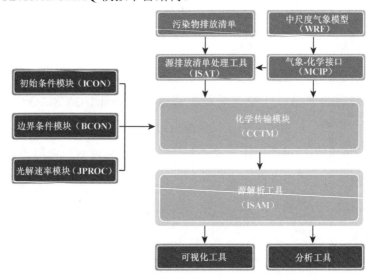

图2-4　本书搭建的 WRF/ISAT/CMAQ 模拟平台结构

本书采用的 CMAQ 模型的主要技术流程如图 2-5 所示。具体运行过程是,首先通过中尺度气象模型(WRF)为 CMAQ 模型提供气象背景场,然后通过气象-化学界面处理程序(MCIP)将气象模式的结果文件转换格式后提供给排放源处理程序,再通过 ISAT 工具,结合物种分配、时间分配谱和 MCIP 网格,将源排放清单处理为 CMAQ 模型适用的逐时网格排放数据,最后与 JPROC、ICON、BCON 数据共同应用于 CMAQ 模型中。

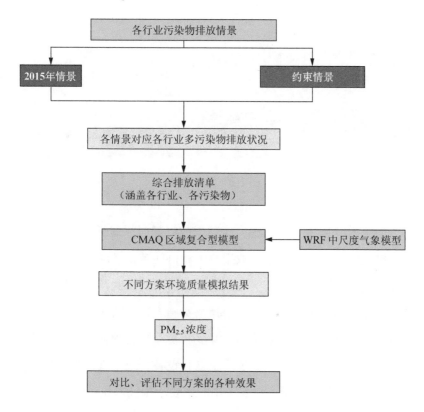

图 2-5 CMAQ 模型主要技术流程

2.3 现场调研

为保证本书情景假设的准确性及参数设置的合理性，调研小组共调研了 15 家单位（图 2-6），覆盖 3 家政府部门、3 家科研单位和 9 家企业（交通企业、水泥公司、钢铁公司、热力企业、石化企业、电力企业、造纸企业和纺织印染企业等）。现场调研的企业覆盖了广州市化石能源消费的重点行业及大气污染物的重点排放行业。

图 2-6　实地调研

调研内容包括 3 个方面：①对于政府部门，调研温室气体和污染物排放情况、监管状态、减排政策和协同减排措施；②对于科研单位，调研温室气体和大气污染物排放清单的编制及其成果，碳排放达峰路径的研究方法、路径选择及实施方案；③对于企业，选取化石能源消耗/温室气体和大气污染物排放量较大的典型企业，调研其能源消费量及结构、主要生产工艺和设备、温室气体和污染物的主要排放源及排放情况，以及实施的主要减排技术和措施。

调研结果如下：

一是广州市大气污染物监管和温室气体排放清单基础工作较好，具备空间精细化（1 km）协同管理的数据基础。广州市自下而上地完成了 2015 年温室气体排放清单（1 km），以及 2015—2017 年大气污染物排放清单（1 km）。排放清单及源解析显示，79%的 NO_x 来源于船舶和移动源，移动源中 36%的污染物是由外地车排放导致的。因此，移动源的管控方式、硫酸盐二次转化为 $PM_{2.5}$ 等问题是下一步的重点研究方向。

二是碳交易市场在协同管理中发挥着积极作用。广州市碳交易市场是一种可调节的温和的市场机制，为企业带来了新的发展机遇，也给超标排放的企业提供了排放合规的灵活性。企业在污染物控制过程中，通过淘汰燃煤锅炉、提高能效、改用天然气和可再生能源等措施减排CO_2，通过碳市场获得资金补偿，这激发了企业减排的积极性，有助于企业从长远角度规划减排工作。碳交易市场在温室气体减排中发挥了积极作用，但其减排效果有限，而通过行政手段可实现质量更高、力度更大、见效更快的碳减排效果，因而可适时考虑把碳交易和排污许可证相结合，将其作为污染物和温室气体协同管理工作的切入点。

三是广州市空气质量达标仍面临较多困难，交通领域协同减排增效潜力较大、需求迫切。除氮氧化物（NO_x）和臭氧（O_3）外，2018年广州市其余 4 种污染物——二氧化硫（SO_2）、一氧化碳（CO）、可吸入颗粒物（PM_{10}）、$PM_{2.5}$ 的排放浓度均已达到国家环境空气质量二级标准；在打赢蓝天保卫战的过程中，虽然持续采取了"减煤、控车、降尘、少油烟"等措施，加强了工业过程源、移动源和扬尘源等多方面的综合整治，但由于治理难度大、国控监测站点分布不尽合理等原因，广州市实现空气质量持续达标还有很多困难要克服。交通源是全市大气污染物和温室气体排放都在快速增长的唯一领域，协同减排增效潜力较大，但涉及道路设计规划（城市规划部门）、全市机动车管理（交通部门）和营运车辆管理（交通运输管理局）等多个部门，协同管理的需求十分迫切。

由此可得出如下结论：①广州市针对碳排放量（应对气候变化管理的核心）和污染物浓度空间分布（大气管理的核心）的协同管理工作，在技术措施和政策跟进上仍存在较多难点，缺乏明确的思路和切入点；②减煤和污染物治理是企业面临的最大压力，而企业对参与碳市场的积极性较高，视其为减排和污染物治理压力下具有协同效应的有效缓和措施；③移动源（交通）已经成为影响广州市碳排放达峰和空气质量达标的关键领域，但目前由于涉及多家管理部门和单位，减排力度受到较大影响。

本书提出的政策建议是，首先，基于广州市的经验，城市管理者和企业在温室气体与大气污染物协同管理方面应加强沟通，具备条件的城市可率先提出碳排放总量控制和达峰的"双控"要求；其次，应加强城市碳排放空间化管理，并基于空间化的排放清单识别重点协同管理区域/网格，助推在具体技术和管理等多层面上实施温室气体和大气污染物的协同增效管理，从而优化减排措施的综合效果；最后，重点部门（如交通）需要从多规合一的角度开展协同管理工作。

国内外研究进展综述

　　温室气体和大气污染物的同源同根性特点使大气污染物控制措施与气候变化应对措施相互影响、相互交织，在控制温室气体排放的过程中可能会伴随局地污染物排放的减少，因而产生环境协同效应。自联合国政府间气候变化专门委员会（IPCC）第三次评估报告（AR3）首次提出"协同效应"概念以来，国内外专家学者分别在全球、国家、区域和城市层面围绕协同效应评价分析、协同控制的最优路径等问题开展了一系列研究。针对温室气体与大气污染物协同效应，本书对协同评估方法、研究内容和相关文献进行了梳理和总结，见表3-1。

表3-1　温室气体与大气污染物协同评估方法、研究内容和相关文献

协同评估方法	温室气体估算模型	大气污染物量化模型	研究内容
科学与工程方法、经济学模型方法	CGE、I-O、IEAP、GREET、POLES、MESSAGE、MARKAL、TIMES	GAINS、APEEP、CMAQ、GCAM、AIM、IMAGE	温室气体减排协同效应，大气污染物减排协同效应，宏观目标与减排措施，国家、区域、城市尺度
Tvinnereim E et al.，2017	Rypdal K et al.，2007；Li N et al.，2019；Rafaj P et al.，2010；He K et al.，2010；Yang Xi et al.，2018；Tollefsen P et al.，2009	Xie Y et al.，2018；Schucht S et al.，2015；Radu O B et al.，2016；Ou Y et al.，2018；Markandya A et al.，2018；Rafaj P et al.，2011	Chae Y，2010；Portugal-Pereira J et al.，2018；Nam K M et al.，2014；Zhang Y et al.，2017

3.1 温室气体估算与大气污染物量化模型

在当前研究中，温室气体估算模型主要分为两类：一类是自上而下的能源模型，主要包括可计算一般均衡模型（CGE）、线性规划模型、投入产出模型（I-O）等；另一类是自下而上的能源技术模型，主要包括能源需求预测模型（LEAP 或 GREET）、能源系统优化模型（POLES 或 MESSAGE）、能源技术环境影响分析模型（MARKAL 或 TIMES）等。而大气污染物量化主要通过结合大气污染物核算模型和空气质量模型来实现，常见的模型包括温室气体与大气污染互动和协同效应模型（GAINS）、空气污染排放试验和政策分析模型（APEEP）和 WRF-CMAQ 气象-化学耦合模型等。此外，越来越多的研究应用综合评估模型，如 GCAM、AIM、IMAGE 等模型同时模拟未来情景下的温室气体排放与不同污染物排放。在之前的研究中，Rypdal K 等分别采用 CGE 模型估算 CO_2 排放量，采用 RAINS 模型估算污染物（SO_2 和 NO_x）排放量及其对区域环境产生的影响（富营养化、酸化和植物 O_3 下的暴露水平），采用 FRES 模型估算一次 $PM_{2.5}$ 的排放及浓度水平，以对北欧地区气候政策潜在的协同效应进行研究。Li N 等通过耦合 TIME 模型与 GAINS 模型，评估了我国不同行业在实现国家自主贡献（INDC）目标和 2℃温升控制目标下空气质量改善的协同效应。Xie Y 等结合 AIM/CGE 模型、CMAQ 模型和健康评估模型，评估了不同气候目标对亚洲国家空气质量和长期健康效应的影响。此外，一些研究通过纳入健康影响评价模型延伸了上述研究链条，以评估温室气体与污染物协同减排带来的健康效益。一般而言，健康影响评价模型主要通过结合空气污染暴露响应方程与健康货币化方程来评估不同污染物带来的健康影响，常见的指标包括避免早逝人数、发病率等。例如，Schucht S 等通过构建气候模型-空气质量模型-健康影响模型进行模拟，发现若在全球范围内采取严格的气候政策，到 2050 年欧洲由 $PM_{2.5}$ 导致的死亡率和由 O_3 造成的早死率将分别降低 68%和 85%，这将节约 77%的空气污染治理成本，其健康收益和避免的成本损失将抵消地区气候政策 85%的额外成本。

3.2 协同评估方法学

协同效应研究最常见的方法以科学与工程方法和经济学模型为主，这类研究的基本步骤是，计算基准情景和不同政策情景下的温室气体排放量、污染物排放量或浓度，估算和比较所造成的影响，并对这一影响进行量化或货币化。其关键在于通过耦合能源/温室气体-污染物排放-影响评价模型对温室气体和污染物减排量或浓度进行定量估算。协同效应研究中也采用一些社会科学方法，如文献综述、调查和访谈等。例如，Tvinnereim E 等在中国的两个城市设计了样本，评估空气污染和全球变暖在受访者中产生相似或不同关联的程度。

3.3 温室气体与大气污染物协同效应

目前，在温室气体与大气污染物之间的协同减排效应方面，主要有两个研究方向：一是温室气体减排导致大气污染物减排或增加；二是区域大气污染物减排导致温室气体减排或增加。

3.3.1 温室气体减排的协同效应

1. 环境效益

大多数研究表明，温室气体减排政策在一定程度上能减少大气污染物的排放，尤其是 SO_2 和 NO_x 的排放，即存在正效益。

在全球尺度层面，Radu O B 等基于 IMAGE 2.4 模型框架，探讨未来全球在不同气候和大气污染政策假设下的温室气体和空气污染物排放，结果表明气候变化政策对 SO_2 和 NO_x 排放具有巨大的影响。Rafaj P 等采用 GAINS 和 POLES 模型将温室气体与污染物和能源相结合，探讨了全球温室气体政策对大气污染物的影响，认为气候减排政策对 SO_2 和 NO_x 达到了一定的减排效果，而对颗粒物的减排作用较小。

在国家或区域层面，Williams C 等假设通过能源与交通技术的提高，英国 2050 年的碳排放量可在 1990 年的基础上减少 60%，并基于假设估计了颗粒物和 NO_x 的浓度值，预测了英国 2050 年的空气质量并讨论了污染物减排对 O_3 的浓度影响。Ou Y 等采用国家层面的气候变化综合评估模型（GCAM-USA）评估了美国不同低碳发展路径的环境影响，其中一组路径强调利用核能和碳捕集与封存（CCS）技术，另一组路径则强调开发可再生能源，包括风能、太阳能、地热能和生物能源。在设定的碳强度目标分别下降 50% 和 80% 的情景下，通过探索大气污染物排放、健康效益和与能源使用相关的水资源消耗的影响表明，与核能和碳捕集途径相比，可再生能源低碳路径需要更少的取水和耗水，但是由于住宅供暖中更多地使用了生物质，这一路径又产生了更高的与颗粒物相关的死亡率成本。He K 等运用 LEAP 模型预测了我国的能源消费量，并采用 TRACE-P 排放清单法对不同情景下的污染物和温室气体进行了预测，对 CO_2 减排效益和健康效益进行货币化估算和对比分析，结果表明气候变化政策可有效降低污染物及温室气体的排放水平，而污染物控制政策对 CO_2 减排产生的影响有限。Li N 等以我国为例，通过耦合能源经济模型和大气化学模型评估了碳交易政策带来的空气质量改善的协同效应。结果预计，在我国承诺的 2030 年实现碳排放达峰的情景下，空气质量改善对国民健康的协同效应将部分或完全抵消政策成本。随着政策的逐渐严格，气候政策产生的净效益将会逐渐增加。Yang Xi 等采用 China-MAPLE 模型研究了我国煤炭控制措施对空气质量改善的影响，并得出了 3 个主要结论：①煤炭控制等深度节能措施对能源系统的优化效果显著，煤炭峰值年接近 2020 年，与碳峰值高度相关且一致；②末端控制措施将显著降低当地的污染物排放，但降低幅度未能实现空气质量达标，能源节约措施，特别是煤炭控制战略是控制源头的关键；③从源头和末端两方面进行协同控制，2030 年的 SO_2、NO_x、$PM_{2.5}$ 排放量将分别比 2010 年下降 78.85%、77.56%、83.32%，符合空气质量目标，并可以实现碳排放峰值目标。

在城市层面，Chae Y 根据相关系数法对韩国首尔市减少大气污染物和温室气体的控制措施进行了研究，发现若同时实现空气质量改善和 CO_2 减排目标，可减少 1 030 万 t 的 CO_2 排放量和 0.27 万 t

的 PM_{10} 排放量。但也有研究人员得出完全相反的结论,即温室气体减排反而导致大气中颗粒物含量的增高。Portugal-Pereira J 等以巴西发电行业为研究对象,发现由于化石燃料技术的逐步淘汰,增加低碳技术的传播可以减缓气候变化,降低土壤酸化,然而由于温室气体减排目标的限制,颗粒物的排放量会更高。主要原因在于假定巴西电力行业逐渐淘汰燃煤发电,改用水电/甘蔗渣混合发电,电力部门在 2050 年将排放 84 Mt CO_2eq(百万吨 CO_2 当量),比基准方案减少 46%。这种情景虽扩大了甘蔗渣热电厂和风力涡轮机的容量,但甘蔗渣热电厂每单位发电量产生的颗粒物排放量高于燃煤电厂,几乎是煤炭燃烧的两倍。此外,Nam K M 等通过对比美国和中国气候控制与大气污染之间的协同作用发现,在同样的 CO_2 减排目标下,中国比美国有更大的降低 SO_2 和 NO_x 的潜力。

2. 健康效益

Zhang Y 等通过研究 2050 年全球和美国国内的温室气体减排对空气质量和人类健康影响的协同效应发现,在一定的情景下,全球温室气体减排将减少大约 16 000 名与 $PM_{2.5}$ 相关的早逝人数,这也反映了控制温室气体排放能降低大气中的颗粒物含量。Markandya A 等使用全球变化综合评估模型(GCAM)研究了不同温升控制目标(2℃或 1.5℃)下的温室气体和大气污染物排放。结果表明,实现温升控制目标的减排措施对健康的协同效益大大超过了其政策成本。Xie Y 等使用经济、空气化学运输和健康评估模型的综合评估框架发现,在 2℃ 温升控制目标下减缓气候变化和减少空气污染,到 2050 年可以减少亚洲过早死亡人数 79 万人。Liu M 等以我国江苏省苏州市为例，评估了常规发展情景、产业结构主导情景、技术主导情景和集成碳减排（ICR）情景下，温室气体减排策略的健康协同效应。结果表明，ICR 情景下，温室气体减排政策可以有效减少与空气污染有关的疾病负担。

3. 成本效益

一些学者不仅对协同效应进行了分析，也对减排成本进行了研究。

在国家或区域层面，Rafaj P 等运用温室气体与大气污染物协同效应模型（GAINS）及全球能源系统模型（POLES）分析了全球温室气体政策对大气污染物的影响，并对污染控制成本、健康和环境影响进行了量化。研究发现，到 2050 年全球 SO_2 和 NO_x 排放量要比没有任何温室气体控制措施减少 2/3；$PM_{2.5}$ 排放量相对于基准情景将减少约 30%；空气污染控制支出减少了 2 500 亿欧元。Tollefsen P 等采用 CGE 模型对西欧国家气候政策下的污染控制减免成本进行了研究，结果表明 2020 年气候减排情景下的污染控制成本比基础情景减少了 1.3%～20%，随着温室气体排放目标的逐渐严格，污染控制减免成本也会随之下降。

在城市层面，Chae Y 根据相关系数法对韩国首尔市减少大气污染物和温室气体的控制措施进行研究，同时进行了协同效应评估和成本效益分析。研究结果显示，通过优化减排措施，可以以最低成本实现空气质量改善和 CO_2 减排目标，可减少 1 030 万 t 的 CO_2、3.2 万 t 的 NO_x 和 0.27 万 t 的 PM_{10}，同时节约 8.28 万亿韩元。Zeng A 等通过我国新疆维吾尔自治区乌鲁木齐市的案例研究证明当前的大

气污染物和 CO_2 减排计划成本过高，在多污染物共同减少和成本效益方面，协同控制比目前计划有更明显的优势。

3.3.2 大气污染物减排的协同效应

绝大多数研究表明，大气污染物控制政策在一定程度上能减少温室气体排放，即存在正向的协同效应。

在国家或区域层面，West J J 等以墨西哥为研究对象，通过研究现有的墨西哥空气质量计划（减少大气污染物排放），运用线性规划模型作为决策工具来分析实现多种污染物共同控制目标的最低成本策略。结果显示，若按计划实施该控制措施，除了能大幅度减少当地的空气污染物，还将在 2010 年减少 3.1% 的城市碳排放。Tollefsen P 等估算了欧洲实施大气污染控制措施所产生的减缓气候变化的协同效应，发现住宅和农业部门的甲烷（CH_4）减排将提高 109%，工业部门 CH_4 将减少 25%。Chen Y 等研究发现，2000—2005 年，通过对贸易隐含的局部地区的空气污染物采取管控措施，出口隐含的局部地区的空气污染物每减排 1 t，可相应减少 27.1 t 的温室气体排放；2005—2009 年，出口隐含的局部地区的空气污染物每减少 1 t，可减少 32.4 t 的温室气体排放。由此得出结论，空气污染物的治理可以同时对温室气体的减排做出重要贡献。Wei P 等以我国为例，评估了 4 个部门的减缓措施带来的空气质量和碳减排的协同效应：对于电力部门，80% 的小型燃煤电厂将被规模更大、效率更高的电厂取代；对于工业部门，能源效率将提高 10%；对于运输部门，将取代高排放车辆；对于住房部门，将用液化石油气（LPG）炉具取代 20% 的燃煤炉具。此外，所有部门的控制措施排放的常规空气污染物均将增加20%。研究发现，在4种情景中，工业部门情景减少的与空气污染相关的死亡人数最多，减少的CO_2排放量也最大。由此得出结论，工业能源效率的提高和空气污染控制技术的升级对我国空气质量、健康和气候效益具有重要意义。

在城市层面，Liu F等研究了我国北京市空气质量控制对碳排放的影响。结果表明，空气质量政策可以减少5%～22%的CO_2排放量。

然而一些研究发现，空气污染控制也有可能加剧CO_2排放，产生负向的协同效应。例如，Qin Y等研究了合成天然气（SNG）发展带来的空气质量、健康和气候影响。结果表明，增加SNG的生产可能会带来空气质量与气候目标之间的权衡，尽管发展SNG可以减少固体燃料使用产生的空气污染物排放，但会带来更长时间的碳足迹。此外，Brunel C等利用美国温室气体排放的新数据和各地的污染监管数据来评估污染监管是否会加剧或者减少全球变暖，结果并未发现当地污染监管改变温室气体排放的证据。因此他们认为，当地的污染监管不足以解决全球变暖的问题。

3.4 小结

综上所述，国内外协同效应的研究从方法学、模型建立、预测发展趋势、政策分析等各个方面展现了全面与深入的内容，并为本书的协同效应研究打下了坚实的基础。

一是温室气体和大气污染物的协同效应评估通常借助能源系统

模型、空气质量模型、健康影响评价模型相集成的综合模型，围绕碳交易政策、INDC 目标、电气化、能效提高、行业减缓措施等话题对低碳政策或气候政策的协同效应展开讨论。少部分文献关注了碳排放达峰的协同效应。大部分文献主要聚焦在国家层面，城市层面的研究较少。大多数研究也并未将各类协同效应和减排成本综合纳入评估模型中。

二是多数文献认为，温室气体或污染物的减排政策和措施可带来正向的协同效应，这种效应表现为协同的减排量、协同的健康效益、协同的经济效益等。但也应警惕，温室气体减排有可能加剧污染物排放；相应地，污染物减排措施也有可能增加温室气体排放。

三是尽管人们普遍认为污染物减排或温室气体减排可带来正向的协同效应，但不同区域的协同效应不尽相同。以国家层面进行协同管理，有可能带来区域层面的效益损失。协同效应评估和协同管理应综合多种情形进行全面考虑，因地制宜地制定管理措施。

广州市基本情况

4.1 社会经济发展

粤港澳大湾区地处我国华南地区的珠江三角洲区域，面积约为 5.6 万 km², 2020 年年底常住人口约为 7 000 万人，地区生产总值在同期高达 11.5 万亿元人民币。粤港澳大湾区是由香港、澳门及广东省的 9 个重要城市组成的城市群，是我国经济活力最旺盛的地区之一，也是世界第四大湾区。作为我国开放程度最高、经济活力最强的区域之一，粤港澳大湾区在国家发展大局中具有重要的战略地位，并以香港、澳门、广州、深圳四大中心城市作为区域发展的核心引擎。广州市作为大湾区的核心之一，其生态发展与经济发展的重要性不言而喻。

广州市既是广东省的省会，也是大湾区、珠三角的重要成员之一。全市面积为 7 434.4 km²，下辖越秀、海珠、荔湾、天河、白云、黄埔、花都、番禺、南沙、从化和增城 11 个区。据统计，2020 年年末广州市常住人口达 1 874.03 万人，城镇化率超过 86%，成为继北京、上海之后的第三大城市，如图 4-1 所示。

2020 年，广州市地区生产总值达到 25 019.11 亿元，按可比价格计算，比上年(下同)增长 2.7%(图 4-2)，人均地区生产总值达到 135 047 元。第一产业增加值为 288.08 亿元，增长 9.8%，第二产业和第三产业增加值分别为 6 590.39 亿元和 18 140.64 亿元，分别增长 3.3% 和 2.3%。第一、第二、第三产业增加值的比例为 1.15∶26.34∶72.51。第二、第三产业对经济增长的贡献率分别为 38.7% 和 57.5%(表 4-1)。

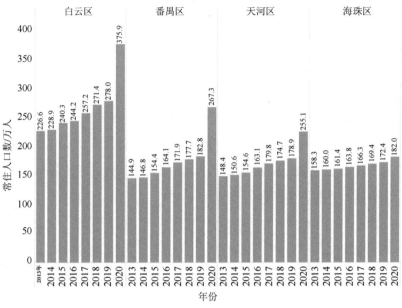

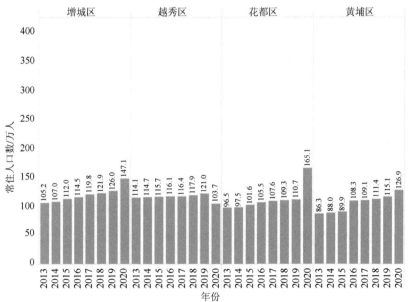

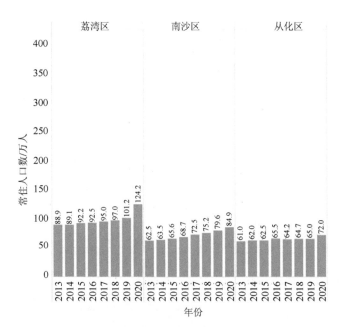

图 4-1　广州市各区年末常住人口数变化

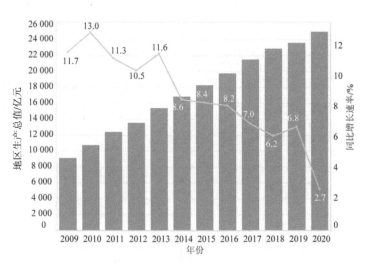

图 4-2　广州市近 10 年地区生产总值与同比增速变化

表 4-1　广州市近 10 年产业结构对经济增长贡献率的变化

单位：%

年份	第一产业	第二产业	第三产业
2009	0.6	29.3	70.1
2010	0.4	38.4	61.2
2011	0.5	38.8	60.7
2012	0.5	35.2	64.3
2013	0.4	29.0	70.6
2014	0.3	30.9	68.8
2015	0.4	29.0	70.6
2016	0	23.0	77.0
2017	−0.2	20.9	79.3
2018	0.4	26.6	73.0
2019	0.6	25.7	73.7
2020	3.8	38.7	57.5

　　受新冠肺炎疫情的影响，广州市 2020 年第三产业对经济增长的贡献率比上年下降 16.2%。由此可以看出，广州市已经形成了以第三产业为主、第二产业为辅的经济发展模式。此外，广州市将未来发展定位为国际商贸中心、枢纽型网络城市及国际综合交通枢纽，鉴于其重要的地理战略意义，实现以广州市为示范的城市绿色低碳转型在全国范围内具有重要的领导意义。

4.2　能源消费

　　《广州市节能降碳第十三个五年规划（2016—2020 年）》显示，"十二五"期间，广州市以年均 3.6%的能源消费增长率支撑了年均 10.1%

的地区生产总值增长率，经济增长对能源消费的依赖性逐渐降低。2015年，广州市单位地区生产总值能耗比 2010 年下降 21.01%，超额完成了广东省下达的 19.5% 的任务。单位地区生产总值能耗为全国平均水平的 60%，低于广东省的平均水平，也低于北京、上海等主要城市的能耗水平。2015 年，广州市的能源消费总量为 5 689 万 tce，单位地区生产总值 CO_2 排放量约为 0.67 t，比 2010 年下降了 30.7%。碳排放强度下降的主要动力来自能效提高和煤炭消费比重的大幅下降。

广州市通过优化产业结构，在结构节能降碳方面取得了显著成效。三次产业结构由 2010 年的 1.75：37.24：61.01 调整到 2015 年的 1.25：31.64：67.11。为加大落后产能淘汰力度，"十二五"期间共计淘汰小火电 11.7 万 kW、焦炭 24 万 t、造纸 0.5 万 t、水泥 30 万 t、平板玻璃 1 075.5 万重量箱、印染 12 281 万 m、制革 109 万标准张、铅蓄电池 69 120 kV·A，关闭、搬迁市区 314 家高耗能、高污染工业企业。为大力推进能源结构调整优化，有 1 298 台高污染燃料锅炉完成整治，煤炭消费量占能源消费总量的比重从 2010 年的 32.4% 下降到 2015 年的 19.8%。建成天然气管网 7 943.76 km，燃气气化率达到 99.7%，全市天然气消费总量超过 20 亿 m^3。为促进先进制造业快速发展，2015 年广州市战略性新兴产业增加值占地区生产总值的比重超过 10%，高新技术产品产值占工业的比重达 45%。

广州市重点领域节能降碳效果不断增强，主要体现在以下 4 个方面：①工业节能方面，2015 年单位工业增加值能耗比 2010 年下降 39.2%，能效提升显著；②建筑节能方面，新建建筑全面执行节能强制性标准，出台了《广州市绿色建筑和建筑节能管理规定》《广州市绿色建筑行动实施方案》；③交通节能方面，大力发展高承载力的公共交通工具，推行集约化出行公交模式，地铁通车里程达 266 km，日均客运量达 659 万人次，地铁公交分担比例达 40%，市区公共交通出行占机动化出行的 60%，严格落实黄标车限行措施，实施中小型客车总量调控，遏制私人汽车数量增长；④公共机构节能方面，加强公共机构节能管理，建立公共机构资源能源消耗统计制度，推进无纸化办公和政府节能采购。

随着广州市生产生活的快速发展，能源消耗量也与日俱增。根据《2016 年广州市统计年鉴》，2015 年全市能源消费总量达到 5 689 万 tce，较 2010 年增长了 19.12%。由图 4-3 可以看出，广州市 2015 年第一、第二、第三产业和生活能源消费量的比重分别为 0.72%、45.2%、38.4% 和 15.7%，第二产业的能源消费量仍然占主导地位，但随着广州市"退二进三"战略的推进及产业结构的升级，第三产业的占比逐渐增加；到 2017 年，第二产业占比为 42.42%，第三产业占比为 40.75%。广州市 2015 年万元地区生产总值能耗为 0.331 7 tce（2010 年价），比 2010 年下降 21.01%，约为全国平均水平的 60%，低于广东省的平均水平，也低于北京、上海等主要城市的能耗水平，超额完成了"十二五"规划中广东省下达给广州市的目标（下降 19.5%）。

在节能减排方面，广州市有关产业结构调整的步伐仍在加大。到 2017 年，第一产业能源消耗占比只有 0.68%，第二产业和第三产业分别为 42.42% 和 40.75%，处于不相上下的状态，而生活能源消费量的占比有不断加大的趋势，这也是未来情景设置生活消费占比的依据。

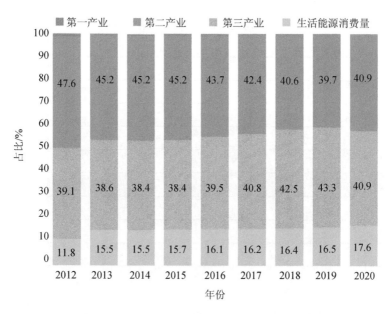

图 4-3 2012—2020 年广州市各产业能源消耗占比

由图 4-4 可以看出，广州市的能源消费呈现出"两油一煤一外电"的基本比例格局。2015 年广州市的石油消费比重约为 42%，其中，原油用于炼油加工和石化工业，当年生产汽油 249.02 万 t、柴油 372.77 万 t、液化石油气 59.07 万 t；成品油既有本地供应，也有外地调入或进口，同时供往珠三角地区，本地消费主要是交通领域的汽、柴油消费和飞机航空煤油消费。外地电力调入比重超过 22%，主要包括西部地区水电、广东省其他地区电力。煤炭消费比重约为 20%，主要用于本地发电（含供热），成功实现以电煤为主的集中化利用方

式的转变。另外，天然气依赖外地调入，包括大鹏气、西气东输二
线和现货液化天然气（LNG），通过天然气热电联产和分布式能源项
目生产电力热力等，也直接用于居民用户和工商业用户。水能、太
阳能、生物质能等主要通过发电形式进入生产生活。

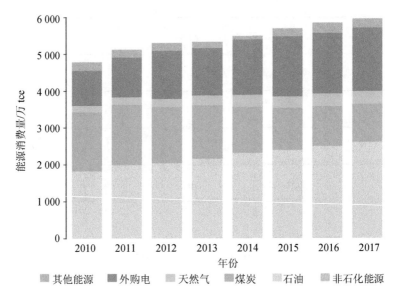

图 4-4 2010—2017 年广州市能源结构

4.3 温室气体排放和空气质量

4.3.1 温室气体排放情况

广州市是国家低碳城市试点、碳排放交易试点，也是全国 C40

城市气候领导联盟成员城市。广州市长期坚持推动绿色发展、循环发展、低碳发展，2011 年颁布了《广州市发展绿色建筑指导意见》，提出率先实施绿色建筑标准，到 2020 年年底新增绿色建筑面积 3 000 万 m^2，全市民用建筑新建成绿色建筑面积占新建成建筑总面积的 70%，新建绿色建筑占全省绿色建筑的 30%；2019 年 2 月对已经颁布 3 年的《广州市循环经济产业园建设管理办法》进行了修正。此外，广州市的能源结构不断优化，减煤减碳强度不断加大，截至 2015 年，电煤在总煤炭中的占比达 80%；累计推广新能源汽车超过 10 万辆，成为全球新能源汽车推广规模最大的城市之一；已建成垃圾焚烧发电厂 6 座，垃圾处理能力和垃圾焚烧发电量居全国大中城市前列；建立了国家级碳交易试点交易所和广东省政府唯一指定的碳排放配额有偿发放及交易平台。广州碳排放权交易所是国内首个现货总成交量突破 1 亿 t、总成交额超过 20 亿元的交易所，为"加快转型升级、建设幸福广东"、将广州市打造成国家碳金融中心城市提供了支撑与动力，为全面深化绿色发展和建设生态文明提供了保障。总体来看，广州市能源强度、碳排放强度持续下降，2015 年能源强度仅为全国平均水平的 60%，碳排放强度位居全国大中城市领先水平。

4.3.2 空气质量情况

2018 年，广州市环境空气质量持续良好，$PM_{2.5}$ 连续 2 年达标，空气质量达标 294 天，达标天数占全年的 80.5%，与 2017 年持平。环境空气中，$PM_{2.5}$ 的浓度为 35 $\mu g/m^3$，同比持平；PM_{10} 的平均浓度为 54 μg/m³，同比下降 3.6%；其他污染物，如 NO_2 的平均浓度为 50 μg/m³，同比下降 3.8%，SO_2 的平均浓度为 10 μg/m³。

4.4 产业结构转型升级与环境质量的关系

广州市是国家可持续发展议程创新示范区，在推动城市低碳转型和绿色可持续发展方面肩负着试验和示范的重要使命。过去 10 年，广州市坚持转型升级、质量引领、创新驱动、绿色低碳的发展战略，全力推动有质量的稳定增长、可持续的全面发展，在较大地区生产总值的基础上仍然保持了经济高质量的快速增长，城市万元地区生产总值产出的能源资源消耗和污染物排放不断下降，空气质量位于全国城市前列，生态环境质量明显改善，"绿色产业"迅猛发展并为营造良好的生态环境提供了有力支撑。除此之外，在 2015 年 9 月，广州市作为"率先达峰城市联盟"（APCC）的成员之一，提出该市的碳排放峰值目标年份力争提前于国家的碳排放峰值目标年份，这不仅决定着未来广州市社会经济的发展方向，也将直接影响我国其他城市的低碳转型路径选择。

4.4.1 转型升级与碳减排

《广州统计年鉴》和《广州市国民经济和社会发展统计公报》显示，2009—2013 年，广州市地区生产总值保持在 10% 以上的年增长速度，且"十三五"期间地区生产总值年均增长 6%；值得注意的是，先进制造业呈现更加快速的增长，年增长速度基本为全市地区生产总值增长速度的2倍以上，构成了广州市经济增长的核心驱动力。在此过程中，广州市持续促进制造业的转型升级，培育壮大汽车、精细化工、电子信息、重大装备等支柱产业和生物医药、新材料等先导产业，成为推动制造业转型升级的主要力量。一方面，推动存量优化，淘汰低端生产企业，如加快"三旧"改造，推进园区提质增效，促进制造业聚集化；另一方面，推动增量优质，加快发展高端制造、智能制造、服务制造、绿色制造，促进制造业融合化、低碳化发展。《2018年广州市国民经济和社会发展统计公报》显示，2018年广州市的工业增加值为5 621亿元，全年规模以上高技术制造业增加值增长10.2%，增速远超全市规模以上工业的整体水平，可见高新技术正在成为"广州制造"的标签和主导力量。

与此同时，广州市万元地区生产总值的能源消耗及碳排放逐年稳定下降。《2005 年广州统计年鉴》和《2015 年广州统计年鉴》显示，万元地区生产总值能耗强度由 2005 年的 0.78 tce 下降至 2015 年的 0.33 tce，下降幅度达 58%；万元地区生产总值碳排放强度由 2005 年的 1.38 t CO_2eq 下降至 2015 年的 0.45 t CO_2eq，下降幅度超过 67%。当前，广州市的万元地区生产总值能耗强度、万元地区生产总值碳排放强度均大幅低于全国平均水平（约为 60%），不仅超额完成了国家和广东省下达的节能减排任务，而且其能效和碳效均领先全国其他大中城市。总的来说，广州市通过创新驱动、绿色导向的发展模式转变和产业转型升级，以更少的资源消耗和温室气体排放实现了更有质量、更具竞争力的经济增长。

广州碳排放权交易所于 2013 年 1 月成为国家发展改革委首批认定的国家核证自愿减排量（CCER）交易机构之一。目前，广州碳排放权交易所已经运行了 6 年，是国内首个现货总成交量突破 1 亿 t、总成交额超过 20 亿元的交易所，其成立对于广州市实现节能减排发挥了关键作用。

第一，碳排放管控和交易制度的实施对广州市能源结构优化产生了显著的"倒逼"作用，促进了电力供应的清洁化和低碳化。根据《广州市能源发展第十三个五年规划（2016—2020 年）》，2013—2015 年，广州市对能源结构进行了大幅调整，煤炭消费逐步降低，油品和天然气消费、外地电力调入占比均有所增加。其中，完成 1 298 台高污染燃料锅炉整治，煤炭消费量占能源消费总量的比重从 2013 年的 26.5%下降到 2015 年的 19.8%。煤炭消费主要用于电力生产，建成中电荔新电厂 2 台 33 万 kW 机组，电煤占煤炭消费比重从 40%提高到约 80%，煤炭消费实现从分散利用向集中利用转变，且煤电机组均实施了"超洁净排放"改造，使 NO_x、SO_2、粉尘排放浓度分别降至 50 mg/m^3、35 mg/m^3、5 mg/m^3 以下。建成天然气管网 7 943.76 km，燃气气化率达到 99.7%，全市天然气消费总量超过 20 亿 m^3。分布式光伏发电项目总规模达到 150 MW，太阳能集热板安装面积超过 40 万 m^2。

第二，碳排放管控和交易制度的实施对广州市淘汰落后产能、推动产业转型升级发挥了促进作用。根据《广州市能源发展第十三个五年规划（2016—2020 年）》，2013—2015 年，广州市产业结构不断优化，产业结构由 2013 年的 1.47∶34.01∶64.52 调整到 2015

年的 1.25：31.64：67.11。先进制造业快速发展，2015 年战略性新兴产业增加值占地区生产总值的比重超过 10%，高新技术产品产值占工业总产值的比重达 45%。

第三，碳排放总量控制和配额交易制度的实施推动了制造业的转型升级和绿色发展，在碳排放强度大幅下降的同时实现了增加值的快速增长。根据 2013 年和 2015 年的《广州市国民经济和社会发展统计公报》，2015 年现代服务业增加值占服务业增加值的比重为63.5%，全年规模以上高技术制造业增加值的增长率从 2013 年的10.4%上升至 2015 年的 19.4%，全年规模以上六大高耗能行业增加值的增长率由 2013 年的 14.4%下降至 2015 年的 8.3%，这表明实施碳排放管控后，附加值更高、碳绩效更好的高技术制造业在广州市发展更加迅速。此外，碳排放管控和更严格的环境标准加快了落后、低端产能的淘汰或升级。

4.4.2 转型升级与空气质量改善

广州市在保持经济快速发展的同时空气质量稳步提升。随着能源结构优化、产业转型升级和日益增强的大气环境治理，广州市的空气质量逐年改善。广州市在"十二五"期间，灰霾污染天数大幅下降，2015 年灰霾天数已降至 53 天，城市空气质量优良天数占比达85.5%，森林覆盖率达 42%，人均公园绿地面积为 16.5 m^2；$PM_{2.5}$ 年均浓度持续下降，2015 年降至 39 $\mu g/m^3$，比 2013 年下降了 26.4%，其余污染物浓度均有不同程度的下降，打造出了亮丽的"城市蓝天名片"。

近年来，广州市的能源结构优化和产业转型升级促进了城市碳排放和大气污染物排放的降低，同时积极应对气候变化和日益增强的环境管制也形成了"倒逼"机制，反作用于城市能源结构优化和产业转型升级。广州市先后发布了《广州市环境空气质量达标规划（2016－2025 年）》《广州市煤炭消费减量替代三年行动计划（2018—2020 年）》《广州市环境保护第十三个五年规划》等政策文件，提出了城市空气质量改善的明确目标和一系列具体的治理措施，这些目标和措施对污染排放行业和企业的生产投资行为产生了显著影响。以"十二五"为例，一系列大气污染治理措施的实施促进了电厂升级改造、黄标车淘汰、工业高污染锅炉清洁改造等，不仅大幅削减了各类大气污染物的排放量，还倒逼企业技术设备改造和产业转型升级。以绿色发展为导向，广州市在碳排放强度大幅下降和空气质量显著改善的同时，实现了更有质量、更具竞争力的经济增长，初步探索出一条经济社会和生态环境协同共进的可持续发展道路。

广州市 CO_2 和污染物排放清单

5.1　CO_2 排放清单编制方法

建立高空间分辨率的温室气体排放空间网格数据，并基于此建立小区域排放清单、研究排放空间特征是国际研究的一个重点和热点。当前，欧美等国家和地区已经自下而上地建立了较为成熟的温室气体排放方法体系和空间网格数据。早期的空间化方法主要以人口、经济等数据间接推算排放空间分布，但随着对空间数据精度要求的不断提高，以及温室气体排放监测、报告和核查的日趋严格，基于排放源自下而上构建高质量温室气体排放空间数据成为研究主流和重点。基于点排放源实现空间化的方法更加简单、准确，而且其数据的可靠性和实际空间分辨率要远远高于基于替代数据实现的空间化结果。

本书参考国际主流自下而上的空间化方法，结合广州市的实际情况和数据特点，建立了基于点排放源的自下而上的空间化方法，结合点排放源、其他线源和面源数据，构建广州市 1 km 温室气体排放网格数据，以及数据的空间精度控制和不确定性分析方法。点排放源数据的空间位置精度采用双重控制：排放源经纬度数据和基于 API Geocoding 技术的空间坐标和地址匹配验证。由于环境统计数据中部分企业的经纬度信息可能有误或缺失，本书基于企业的详细名称和详细地址，结合百度地图和 Google Earth 的遥感影像，通过目视判读方法对广州市 1 023 家工业企业（其中包含 15 家电厂）的经纬度信息进行了逐一校核和纠正，为后续对点排放源大气污染物的时空分布特征进行分析提供了准确的数据支撑。

广州市的排放清单结果来源于本研究团队已有的 CHRED 3.0 成果，具体见已出版的《中国城市温室气体排放（2015 年）》和《中国城市温室气体排放数据集（2015）》。

5.2 大气污染物排放清单编制方法

由于涉及空气质量模拟，本书会涉及不同研究范围的排放清单，本章重点介绍广州市本地化排放清单的编制方法，广州市以外区域的排放清单编制结果在 7.1.3 节中进行展示。

本章以广州市为研究区域，基准年为 2015 年，数据资料以 2015年广州市环境统计数据、广州市环境保护科学研究院提供的"广州市本地污染物排放清单"为主，以 2015 年 MEIC、广州市 CEMS 等数据为辅，排放清单建立方法与我国生态环境部已发布的多个关于大气污染物源排放清单编制技术指南（以下简称"源清单指南"）和《城市大气污染物排放清单编制技术手册》（以下简称《技术手册》）等文件保持总体一致，兼顾广州市污染物源特征。本书针对 $PM_{2.5}$、PM_{10}、SO_2、NO_x、VOCs、NH_3、CO 7 种大气污染物建立排放清单，具体指导文件如下：

- 《城市大气污染物排放清单编制技术手册》；
- 《大气可吸入颗粒物一次源排放清单编制技术指南（试行）》；
- 《大气细颗粒物一次源排放清单编制技术指南（试行）》；
- 《大气挥发性有机物源排放清单编制技术指南（试行）》；

- 《大气氨源排放清单编制技术指南（试行）》；
- 《生物质燃烧源大气污染物排放清单编制技术指南（试行）》；
- 《民用煤大气污染物排放清单编制技术指南（试行）》。

本书采用"源清单指南"和《技术手册》提及的排放因子法，基于 2015 年广州市环境统计数据、CEMS 数据、污染源普查数据等，自下而上地分别估算了 2015 年广州市化石燃料固定燃烧源和工艺过程源的大气污染物排放量；基于广州市环境保护科学研究院提供的"广州市本地污染物排放清单"得到研究区域内农业源、废弃物处理排放源、非道路移动源、储存运输源、扬尘源、生物质燃烧源、其他溶剂使用源和其他排放源的大气污染物排放量；基于广州市每条道路的车速、道路等级、车辆类型等数据字段，通过 XGBoost 神经网络模型计算道路移动源的大气污染物排放量，汇总得出广州市 2015 年大气污染物排放清单。

5.2.1　化石燃料固定燃烧源

化石燃料固定燃烧源，也称固定燃烧源，指利用燃料燃烧时产生的热量为发电、工业生产和生活提供热能和动力的燃烧设备。本书进一步将其细分为两类：电厂和工业锅炉，该类源排放清单主要基于 2015 年广州市环境统计数据和 CEMS 数据等，综合考虑电厂实际排放浓度、活动水平等因素，建立自下而上的 2015 年广州市化石燃料固定燃烧源的电厂排放清单。

工业锅炉与电厂污染物排放量表征方法一样，与《技术手册》编制方法一致，此处不再赘述。

5.2.2 工艺过程源

工艺过程源是指在工业生产和加工过程中，以对工业原料进行物理和化学转化为目的的工业活动。相较于其他排放源，工艺过程源排放的污染物种类繁多、企业类型复杂、排放量大、排放特征复杂。基于产品类型、工艺技术、原料类型、末端控制措施（如除尘、脱硫脱硝）等不同因素，工艺过程源排放的大气污染物种类和排放量均有所不同。此外，根据实地调查，广州市由工业排放的大气污染物主要来源于工艺过程，因此本书主要针对工艺过程源进行重点分析。

化石燃料固定燃烧源和工艺过程源作为点源输入模型，其信息主要来源于 2015 年广州市环境统计数据，包含广州市工业企业的经纬度信息，主要产品生产情况，燃料（燃煤、燃油、燃气等）消耗量，工业锅炉蒸吨数，活动水平，SO_2、NO_x、粉尘等 6 种污染物去除效率等信息。

全面了解广州市本地工艺过程源可为治理广州市环境污染提供数据支撑，为此本书把工艺过程源涉及的企业细分为 17 类，并作为重点研究对象（图 5-1），按照排放源所对应的产品产量和工艺技术，采用排放因子法估算污染物排放量，具体公式如下：

$$E_i = \sum_{j,m} A_{i,j,m} \times EF_{i,j,m} \times \left(1 - \eta_{i,j,m}\right) \qquad (5\text{-}1)$$

式中，E_i —— 污染物排放量，t；

A —— 第三级排放源对应的工业产品产量和第四级排放源对

应的工艺技术，t；

i，*j* 和 *m* —— 分别指污染物类型、行业类型和产品产量/工

　　　　　　　艺技术类型；

EF —— 一次污染物的产生系数，t 污染物类型/t 产品产量；

η —— 末端控制技术对污染物的去除效率，%。

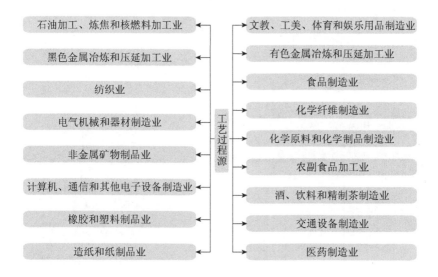

石油加工、炼焦和核燃料加工业

黑色金属冶炼和压延加工业

纺织业

电气机械和器材制造业

非金属矿物制品业

计算机、通信和其他电子设备制造业

橡胶和塑料制品业

造纸和纸制品业

工艺过程源

文教、工美、体育和娱乐用品制造业

有色金属冶炼和压延加工业

食品制造业

化学纤维制造业

化学原料和化学制品制造业

农副食品加工业

酒、饮料和精制茶制造业

交通设备制造业

医药制造业

图 5-1　工艺过程源涉及的企业分类

5.2.3　道路移动源

　　本书建立的广州市机动车排放清单方法及核算流程如图 5-2 所示，同样采用自下而上的排放清单建立方法，并引入时间维度，最终得到广州市 2015 年每条道路逐时 CO₂ 和主要大气污染物排放量。

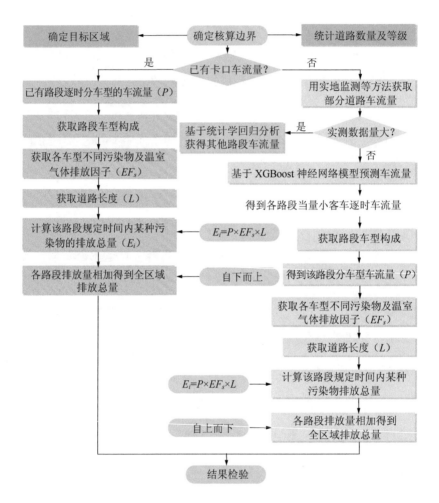

图 5-2　机动车排放清单方法及核算流程

　　计算方法是,先分别计算广州市全部 1 069 条道路逐时的污染物及 CO_2 排放总量(排放总量来自不同类型的车辆),再将特定时间尺度内全市各条道路的排放量累加,最终获得全市机动车排放总量。建立机动车排放清单所要解决的核心问题是道路交通车流量,通过将目标道路的逐时车流量变化参数与道路长度、分车型和污染物类型的排放因子相结合可得到该路段的排放总量。但交通流量数据量十分庞大且获取较为困难,本书在广州市设置了 107 个卡口监测点,实地监测了 107 条道路双向各车道 24 小时的逐时交通车流量,经数据清洗后获得了 4 888 条可用数据,基于 XGBoost 神经网络模型对这 4 888 条数据进行机器学习得到单车道车流量(veh/h)。机器学习训练模型的变量包括道路 ID(道路名称)、每小时平均车速、时间、每小时平均人活动水平(人次)、道路等级、道路最高限速和车道数目。此方法用于得到所有路段的逐时车流量。XGBoost 神经网络模型得到的车流量为当量小客车车流量,随后依据车型构成比例、由车辆折算的当量小客车系数等折算各类车型的车流量。得到分车型的车流量模拟数据后,与各类车型的排放因子、路段长度相结合计算该路段逐时排放总量。

　　机动车排放清单的建立基于自下而上的排放因子法。首先,计算车型 i 在道路 k 上的 j 类型气体(CO_2 和大气污染物)排放量,见式(5-2);其次,将道路 k 上各车型的排放量累加得到道路 k 的逐时排放总量,见式(5-3);最后,将所有道路排放量累加得到广州市全路网所有机动车的 CO_2 和大气污染物排放总量,见式(5-4)。

$$E_{i,j,k} = EF_{i,j} \times P_{i,k} \times L_k \qquad (5\text{-}2)$$

$$E_{j,k} = \sum_i E_{i,j,k} \qquad (5\text{-}3)$$

$$E_{\text{total},j} = \sum_k E_{j,k} \qquad (5\text{-}4)$$

式中，$E_{j,k}$ —— 广州市道路 k 所有车辆的逐时排放量，t/h；

$E_{\text{total},j}$ —— 广州市全路网逐时排放总量，t/h；

EF —— 排放因子，t/km；

P —— 交通车流量，辆（vehicle，veh）；

L —— 道路长度，km；

i —— 车辆类型；

j —— CO_2 或大气污染物；

k —— 道路名称。

1. 道路类型

采用自下而上的方法分别对各路段逐时计算，涵盖了城市区域及非城市区域共计 1 069 条道路，道路类型包括高速公路、国道、主要大街、城市快速路、省道等 11 类道路。

2. 车辆类型

对广州市机动车类型进行充分调研后确定研究对象包括大型、中型、小型、微型 4 类载客汽车，重型、中型、轻型、微型 4 类载货汽车及摩托车，共 9 类车型，其分车型的保有量、占比及当量小客车折算系数见表 5-1。

表 5-1　分车型保有量、占比及当量小客车折算系数

机动车类型	保有量/辆	占比/%	当量小客车折算系数
大型载客汽车	37 729	1.54	2
中型载客汽车	13 795	0.56	1.5
小型载客汽车	2 005 998	81.73	1
微型载客汽车	12 191	0.50	0.5
重型载货汽车	58 770	2.39	2
中型载货汽车	22 026	0.90	1.5
轻型载货汽车	232 277	9.46	1.5
微型载货汽车	4 838	0.20	1
摩托车	66 670	2.72	0.5
总量	2 454 294	100.00	

3. 交通流量模型

如图 5-3 所示，在广州市选择设置 107 个卡口监测点，实地监测了 107 条道路双向各车道 24 小时的逐时交通车流量，除以对应的车道数目后得到单车道车流量 Q（veh/h），经数据清洗后获得 4 888 条可用数据。同时，实时获得了与之对应的 107 条道路的逐时区间平均车速 V（km/h）。机动车作为交通出行工具与人口活动水平密切相关，且成正比例关系，由此获取了 107 条道路对应的逐时人口活动水平 P（人次）。

以 4 888 条数据为基础，使用统计学回归分析方法将逐时人口活动水平 P 与逐时区间平均速度 V 作为自变量，将单车道交通车流量作为因变量，得到人口活动、区间速度、单车道流量之间的回归关系式。4 888 条数据样本举例中不仅包括道路 ID，还包括自变量速度、人口活动水平和因变量单车道流量。

图5-3 广州市卡口车流量检测点位置分布

广州市道路调查车型比例视频截图如图 5-4 所示。

图 5-4　广州市道路调查车型比例视频截图

5.2.4 其他污染物排放源

其他污染物排放源见广州市环境保护科学研究院所编制的"广州市本地污染物排放清单"。

5.3 CO_2和大气污染物排放清单结果及时空分布特征

5.3.1 CO_2排放清单结果

如图 5-5 所示，广州市 CO_2 排放量整体呈以西南中心城区为

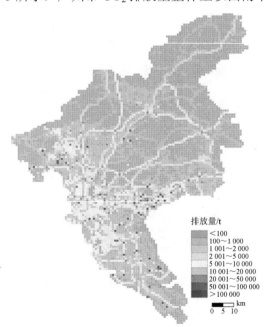

排放量/t
<100
100~1 000
1 001~2 000
2 001~5 000
5 001~10 000
10 001~20 000
20 001~50 000
50 001~100 000
>100 000

km
0 5 10

图 5-5 广州市 CO_2 排放清单网格

高值核心，沿道路分布向东北逐渐递减的格局。除中心城区外，大部分地区的排放量小于 100 t。广州市主要道路 CO_2 排放量通常高于 5 000 t，中心城区的道路 CO_2 排放量通常高于 1 万 t，而在立交桥交会处及一般道路交叉口地区的排放量往往会出现更高值。此外，有极个别网格排放量大于 10 万 t，可能与该地区的用地类型密切相关。

5.3.2 大气污染物排放清单结果

本书依据上述排放清单编制方法，计算获得了广州市 2015 年农业源、化石燃料源、工艺过程源、废弃物处理排放源、道路移动源、非道路移动源、储存运输源、扬尘源、生物质燃烧源、其他溶剂使用源和其他排放源 11 类污染源的大气污染物排放清单结果，如图 5-6 所示。从各污染源部门来看，2015 年广州市 SO_2、NO_x、VOCs、CO、$PM_{2.5}$、PM_{10}、NH_3 的排放总量与广州市政府公布的《广州市环境空气质量达标规划（2016—2025 年）》中 2015 年的排放清单总量基本一致，该规划中的排放量分别为 5.3 万 t、18.7 万 t、18.2 万 t、28.2 万 t、5.2 万 t、11.8 万 t、2.3 万 t。

从图 5-6 可以看出，广州市一次 $PM_{2.5}$ 排放量主要来自扬尘源、工艺过程源和其他排放源，但二次 $PM_{2.5}$ 的生成也与 NH_3、硫酸根、硝酸根离子密切相关，因此 SO_2、NO_x、VOCs、NH_3 的排放量也值得关注。

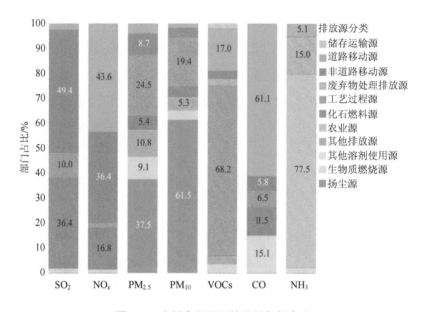

图 5-6 广州市不同污染物的部门占比

摸清各个行业对不同污染物排放的贡献比例是实施切实有效的减排政策的基础。如图 5-7 所示，部分行业的污染物排放类型较为单一，如农业生产是 NH_3 排放的主要来源，来自农业部门的排放量约占 NH_3 排放总量的 77.5%；储存运输源和其他溶剂使用源的污染物排放类型全部为 VOCs，但其排放总量较低；扬尘源是颗粒物排放的主要来源，扬尘源排放的 $PM_{2.5}$ 与 PM_{10} 分别占这两种颗粒物排放总量的 37.5%和 61.5%；废弃物处理排放源主要排放 VOCs 与 NH_3。化石燃料燃烧是造成温室气体和大气污染物排放最主要的来源。研究结果表明，化石燃料燃烧排放的主要污染物类型为 CO、NO_x、SO_2 和颗粒物，其中 CO、NO_x、SO_2 分别占该类污染物排放总量的 11.5%、

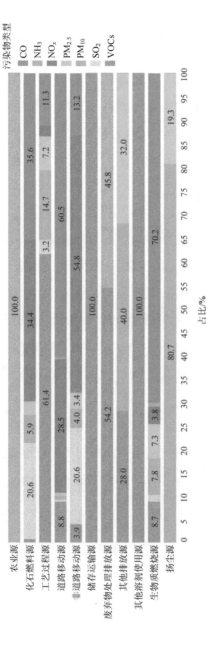

图 5-7　广州市不同部门的污染物排放占比

16.8%和 36.4%。工艺过程源主要排放 VOCs，其排放量约占 VOCs 排放总量的 68.2%，此外还有 $PM_{2.5}$、PM_{10}、CO、NO_x 和 SO_2 排放。交通部门包括道路移动源与非道路移动源排放的多种大气污染物，其中道路移动源是 CO 的主要排放源，约占 CO 排放总量的 61.1%；非道路移动源排放最多的是 NO_x，对 NO_x 的排放贡献率达到 16.8%。此外，生物质燃烧源主要排放 CO，其他排放源主要排放 VOCs 与颗粒物。

经统计，从广州市各地区的企业数量来看（图 5-8），番禺区的工业企业数量最多，共有 203 家；其次为增城区、花都区、白云区和黄埔区，分别有 168 家、156 家、150 家和 142 家。广州市的纺织业数量最多，共有 197 家，其次为化学原料和化学制品制造业、有色金属冶炼和压延加工业、橡胶和塑料制品业，分别有 167 家、156 家、82 家。结合图 5-9 与图 5-10 可以看出，就 $PM_{2.5}$ 而言，非金属矿物制品业和纺织业的排放量最大。由此可见，企业数量多并不代表污染物排放量大。

在分析不同污染源、不同工业部门排放量的基础上，本书将大气污染物排放量分配到空间网格中，得到了广州市高空间分辨率的网格化排放清单，精度为 1 km，具体如图 5-11 所示。

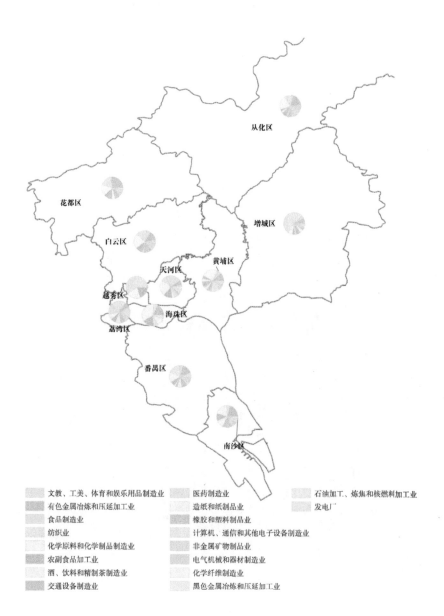

图 5-8 广州市不同地区的工业企业占比

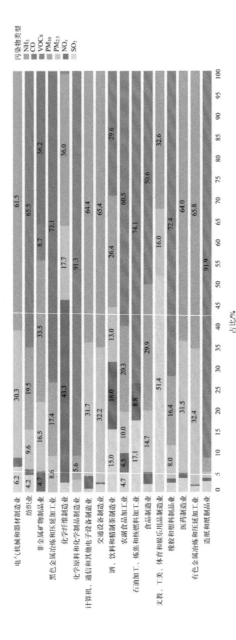

图 5-9 广州市不同工艺过程源污染物排放占比

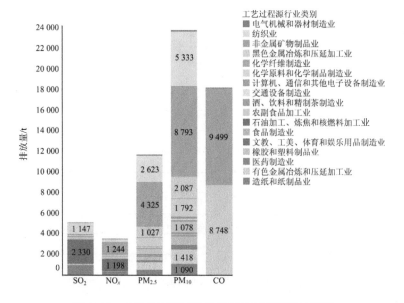

图 5-10 广州市不同污染物的工艺过程源排放情况

图 5-11 广州市 11 个部门 7 种污染物 1 km 网格化排放清单

5.4 CO_2排放与大气污染物排放同根同源分析

为探索协同减排路径，需要对广州市 CO_2 排放清单和主要大气污染物排放清单的核算边界、排放源和部门划分进行统一界定。

广州市 CO_2 排放清单具体包括工业能源、工业过程、服务业、农业、交通、城镇生活、农村生活，广州市大气污染物排放源主要包括农业源、工业固定燃烧源、工艺过程源、废弃物处理排放源、道路移动源、非道路移动源、储存运输源、扬尘源、生物质燃烧源、其他溶剂使用源和其他排放源。由此可以看出，CO_2 排放清单和大气污染物排放清单的部门划分存在差异，将相关部门一一对应，最终结果见表 5-2。

表 5-2　广州市 CO_2 排放清单和大气污染物排放清单的部门划分

大气污染物排放部门	CO_2 排放部门
农业源	农业
工业固定燃烧源	工业能源+工业过程
工艺过程源	工业能源+工业过程
废弃物处理排放源	—
非道路移动源	交通
道路移动源	交通
储存运输源	交通
扬尘源	—
生物质燃烧源	服务业+农村生活+城镇生活
其他溶剂使用源	工业能源+工业过程
其他排放源	服务业+农村生活+城镇生活

广州市碳排放达峰情景

本书的碳排放情景和参数设置主要基于中国科学院广州能源研究所的研究（图 6-1），对广州市化石能源消费的重点行业及大气污染物重点排放行业进行实地调研，并结合最新的政策文件，修正碳排放情景参数。

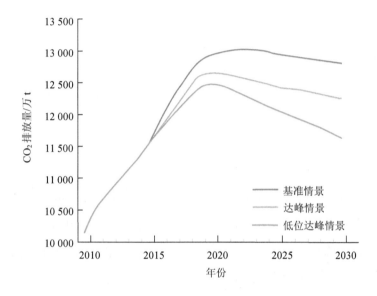

图 6-1 广州市不同情景下 CO_2 排放量

6.1 情景设置

6.1.1 基准情景

基准情景，也称为零空间优化情景，是以广州市现有的经济发展模式为基础，根据历史发展趋势外推的情景。这种情景不引入新的减排技术或政策，处于完全无外部干扰的发展状态，主要参考的是我国 2015 年及以前发布的政策文件与相关减排技术，各部门的具体参数在 6.1.4 节和 6.1.5 节中一并展示。

6.1.2 达峰情景

达峰情景是指在基准情景的基础上，叠加国家在 2015 年以后推行的减排政策与减排技术，并假设减排技术、能源效率不断提高，能源结构不断优化。

6.1.3 低位达峰情景

低位达峰情景是指在达峰情景的基础上，在改变经济发展模式、改变消费方式、实现低能耗、低温室气体排放方面作出重大努力，使产业结构和能源结构进一步优化，能源使用效率达到届时的世界先进水平，从而使广州市的 CO_2 排放峰值量得以降低。

6.1.4 社会经济发展基本假设

1. 常住人口和城镇化率

《广州市国民经济和社会发展第十三个五年规划纲要（2016—2020 年）》显示，广州市 2015 年的常住人口为 1 350 万人，比 2010 年增长了 29.7%，年均增长率为 5.3%。其中，城镇人口有 1 154.7 万人，农村人口有 195.3 万人，城镇化率达到 85.53%。从城市和人口数量的发展形态来看，经济越发达，越容易产生人口聚集的现象，因此决定广州市聚集规模的关键因素在于广州市的经济规模与其他地区的人均收入的差距,该差距可以用经济份额与人口份额的比值表示。根据国内外发达城市的经验,在市场作用下,当城市发展较稳定时,经济份额与人口份额的比值约为 1,而广州市 2015 年经济份额与人口份额的比值为 2.68,因此在经济和人口分布内在平衡动力的推动下,广州市的未来人口仍有一定的增长趋势。但是,考虑到城市空间容量和环境容量,未来广州市常住人口的增长幅度可能会逐渐降低,城镇化率基本不变或浮动范围较小。

2. 地区生产总值和产业结构

广州市 2015 年地区生产总值为 18 314 亿元,"十二五"期间年均增长 10.1%,人均地区生产总值达到 13.6 万元,超过了 2 万美元。未来的广州市经济仍将保持持续增长,但考虑到我国已进入经济发展新常态,经济发展速度将逐渐放缓,结合官方公开发布的历史数据,以及国家和城市相关部门对城市未来的整体形势预测,广州市的地区生产总值应呈现低速增长态势。

此外,根据前文所述(4.2 节),广州市的三次产业结构由 2010 年的 1.75:37.24:61.01 调整到 2015 年的 1.3:31.6:67.11,产业结构仍在不断优化提升,在基础设施的系统建设,加快淘汰工业领域的落后产能,推进农业、服务业和制造业的融合发展等方面都提出了新的发展方向。

本章针对广州市人口规模和经济发展进行以下假设,具体见表 6-1。

表 6-1 广州市社会宏观参数设置

年份		2015	2020	2025
常住人口	年均增长率/%	5.3	2.8	2.0
	数量/万人	1 350	1 550	1 711
	城镇化率/%	85.5	86.1	86.6
地区生产总值	年均增长率/%	10.1	7.5	6.0
	数值/亿元	18 314	25 985	37 470
	三次产业结构	1.3∶31.6∶67.1	CB 1∶29∶70 LC 1∶29∶70	CB 1∶28∶71 LC 0.9∶27.1∶72

注：①表中 2015 年的数据为统计年鉴数据，2020 年的数据为《广州市国民经济和社会发展第十三个五年规划纲要》的发展目标数据，2025 年的数据为预测值；②表中各年份地区生产总值均为 2015 年价；③2020 年和 2025 年的三次产业结构中，CB 表示基准情景预测值，LC 表示达峰情景预测值。

6.1.5 主要部门（行业）情景参数设置

城市碳排放主要与能源活动水平、能源结构和能源效率 3 个因素有着密切联系，能源使用过程也会导致大气污染物的排放。广州市的能源结构变化、能源消费总量、能效提升、产业结构调整、工业技术提升等核心关键因素，直接影响了各排放部门情景参数的设定，进而影响未来情景下 CO_2 和污染物的排放情况。本章主要从实现广州市政府设定的总体目标出发，查阅和整理广州市近年制定和颁布的政策文件，从能源、活动水平、排放部门等角度设定广州市碳排放达峰情景。

1. 总体目标

广州市政府出台了《广州市节能降碳第十三个五年规划（2016—2020年）》和《广州市城市环境总体规划（2014—2030年）》等重要文件，提出实行能源消费总量和强度"双控"制度，提高全市能源使用效率，加强对高耗能行业的管控。具体目标：①节能目标，提高清洁能源和可再生能源消费比重，继续保持燃煤消耗量的负增长，2020年能源消费总量控制在6 284万tce以内，煤炭消费总量控制在1 400万tce以下，相比于2013年下降12%，单位地区生产总值能耗比2015年下降19.3%以上；②碳排放目标，力争在2020年前后使能源消费碳排放总量达到峰值，单位地区生产总值碳排放比2015年下降23%；③全市规模以上工业单位增加值能耗比2015年下降20%以上，规模以上工业单位增加值碳排放比2015年下降24%以上，龙头企业主要产品单位能耗接近或者达到国际先进水平。

经初步核算，实际上广州市2020年的能源消费总量为6191.49万tce，比2015年增长8.8%。"十三五"时期广州市能源消费总量年均增长1.7%，万元地区生产总值能耗累计下降19.4%。此外，广州市单位地区生产总值二氧化碳排放量已于2019年提前完成任务（"十三五"期间下降23%），比2015年下降25.4%。本书旨在探索"双达"的方法学及其应用，因此在后续探索过程中仍基于中国科学院广州能源研究所原有的参数设定等工作基础开展研究。

2. 排放部门

（1）工业部门

以《广州市供给侧结构性改革总体方案（2016—2018年）》《广

州市国民经济和社会发展第十三个五年规划纲要（2016—2020 年)》等文件为依据，未来广州市重工业行业产量或增加值基本保持在 2015 年的水平并略有下滑，工业增加值的增长主要依靠先进制造业和新兴产业等；工业行业能效水平达到《广州市节能降碳第十三个五年规划（2016—2020 年)》提出的目标水平；能源消费结构力争满足《广州市能源发展第十三个五年规划（2016—2020 年)》的要求。此外，重点企业的实地调研为情景参数提供了更可靠的依据。

参考《大气污染防治行动计划》中的"地级及以上城市建成区基本淘汰每小时 10 蒸吨及以下的燃煤锅炉，禁止新建每小时 20 蒸吨以下的燃煤锅炉"和"在化工、造纸、印染、制革、制药等产业集聚区，通过集中建设热电联产机组逐步淘汰分散燃煤锅炉"，《广州市环境空气质量达标规划（2016—2025 年)》中的"全面逐步淘汰集中供热范围内的高污染燃料分散供热锅炉"，以及《广州市城市环境总体规划（2014—2030 年)》中的"2020 年，中心城区完成小污染源的关停、治理工作"，本章设定 2020 年情景下的具体措施包括 4 类：①全面淘汰广州市现有工业点源中的燃煤小锅炉；②全面淘汰位于广州市中心城区的小污染源；③全面淘汰呈高污染特点和即将服役到期或服役期较长的燃煤锅炉发电企业；④2018 年 6 月底前，广州市燃煤机组基本淘汰或完成超洁净排放（超低排放）改造，按照脱硫、脱硝、除尘效率分别达到 85%、60%、99% 以上的要求完成治理设施升级改造。

对排放 SO_2、NO_x 的新建项目，实行区域内现役源 2 倍削减量替代；对排放工业烟粉尘、VOCs 的建设项目按照国家相关要求逐步实行减量替代。

到 2020 年，有用热需求的工业园区全面实现集中供热。全面清理淘汰集中供热范围内的高污染燃料分散供热锅炉，逐步推进集中供热范围内生物质成型燃料等其他燃料锅炉的淘汰替代，大力发展清洁能源及可再生能源。全市 1 500 家企业通过清洁生产审核，规模以上工业企业审核率达到 30%以上，创建市级清洁生产企业 500 家，建成省级清洁生产企业 100 家。建设冷热电三联供天然气分布式能源站。

（2）道路移动源

按照《广州市综合交通发展第十三个五年规划》《广州市节能降碳第十三个五年规划（2016—2020 年）》《广州市机动车排气污染防治规定》的要求，大力发展城市公共交通，在城际交通运输中推广使用铁路运输、水路运输，以分流部分公路和航空运输；交通工具的能效水平达到规划目标；交通运输工具的清洁化争取达到现有规划水平。

《广州市节能降碳第十三个五年规划（2016—2020 年）》规定：中心城区公共交通出行占机动化出行比例达到 65%，新能源汽车保有量达到 12 万辆；公路客运车辆单位运输周转量能耗、碳强度比 2015 年分别下降 2.5%和 2.6%以上，公路货运车辆单位运输周转量能耗、碳强度分别下降 7%和 8%以上。

《广州市城市道路交通运行状况评估》评估了 2016 年以来广州市的网约车新政前后的道路运行状况，2016 年为网约车新政前，道路运行状况持续恶化；2017 年为网约车新政红利时期，道路运行状况保持良好；2018 年，上半年恢复拥堵，下半年释放新红利。

《广州市公交线网优化研究》表明，广州市持续加大公共交通设施建设，公交线路增长了67.6%，线路里程增长了76.1%，公交运力投入增长了23.8%；公交供给持续增加；然而常规公交出行量增速趋缓，2010—2014年平均增幅为1.86%，2015年首次出现负增长，截至2016年，全市常规公交客运量降至24.13亿人次，与2015年相比下降了5.3%，客运量下降幅度有进一步扩大的趋势。公交客流量的下降主要受到整个城市交通出行环境的影响：一是全市轨道网络逐步成型成网，中长距离对常规公交有直接替代作用，中短距离存在竞争作用，导致常规公交客流逐步向地铁转移；二是城市主要道路交通拥堵现象严重，城市居民多样化出行需求日益增长，常规公交的服务效率和服务品质难以满足城市居民的出行要求；三是网络自行车租赁对常规公交短距离出行冲击较大，导致部分公交线路日均客运量急剧下降。

《2017 年广州城市交通运行报告》显示，2017 年白云国际机场客运量突破 6 500 万人次，港口集装箱吞吐量突破 2 000 万标准箱，城市地铁里程达到 390 km。此外，广州市政府正在通过逐步完善差别化停车收费政策措施来遏制外地车本地化使用的现象，并颁布了一系列政策，通过 2017 年年底基本完成黄标车淘汰、加快老旧机动车淘汰更新步伐，推进国二及以下老旧车的淘汰更新工作，力争到2018 年年底全面实现公交电动化、加快车用成品油品质升级，提前供应国六车用汽油、柴油，车用汽油蒸汽压全年不超过 60 kPa 等政策措施，有效实现了污染物的控制和减排。

（3）非道路移动源

划定非道路移动机械低排放区，区内禁止使用第三阶段排放标准之前的高排放非道路移动机械，促进高排放、服务年限较长的工程机械、农业机械淘汰或安装柴油颗粒捕集器。

根据《广州市港务局 广州市环境保护局关于印发广州港口船舶排放控制作战方案（2018—2020年）的通知》，港口船舶能源需要落实低硫燃油使用、力争船舶电动化替代和使用清洁能源。督促靠港船舶使用低硫燃油，内河船舶100%使用标准柴油，水运施工船舶100%使用符合规定的船舶燃油。鼓励远洋船舶使用更低污染的燃油，力争到2020年使用含硫0.1%以下燃油的远洋船舶比重超过30%。自2018年起，珠江游船舶和水上公共交通的新增或替代运力必须采用纯电能或其他清洁能源，逐步更新替代燃油动力船舶。力争至2020年约有5艘纯电动船舶或混合动力客船投入运营。新增港作车辆全部使用液化天然气燃料或其他清洁能源，逐步淘汰非清洁能源车辆。2020年，南沙三期液化天然气气站投入使用，南沙粮食码头光伏发电面板面积较2018年增加500%，全港光伏发电面板增加一倍。南沙港区大型码头实现访客100%转乘港口清洁能源车辆入港。

（4）建筑部门

参照《广州市城市基础设施发展"十三五"规划》《广州市节能降碳第十三个五年规划（2016—2020年）》的要求，放缓未来广州市的建筑面积增速；居民建筑能效水平随着GDP的增长而提高，商业建筑能效水平短期内增长，之后下降；能源消费结构向电气化方向转化，并适度使用太阳能等可再生能源。

保持建筑节能强制性标准在设计阶段、施工阶段全面执行，绿色建筑占新建建筑的比例达到40%以上，到2020年累计完成既有建筑节能改造700万 m² 以上，创建5个以上绿色生态城区。

完成200万 m² 左右的公共机构节能改造，创建100家以上绿色公共机构，公共机构单位建筑面积能耗较 2015 年下降 10%以上。

（5）电力部门

参照《广东省能源消费总量控制方案》中的总量控制目标，通过"上大压小""等量替换""加大可再生能源发电"的方式，实现 1 000 万 kW 的本地火力发电装机容量，实现 43%的 2020 年电力自给率。

（6）农业源

到 2020 年，秸秆综合利用效率达到 85%以上。

（7）扬尘源

建成区道路机械化清扫率达到 85% 以上，一、二级城市道路 16 小时保洁率为 100%。

2018年，新港码头退出煤炭作业。2019年，实现市中心区无大型散货作业码头目标。2020年，大型散货码头堆场100%完成防风抑尘设施建设、配备及在线污染监控系统建设。实现堆场现场管理"六个100%"（场内堆位100%围挡、皮带管廊100%封闭、场内无作业货堆100%覆盖或压实、作业过程100%喷淋降尘、出场车辆100%冲洗、喷淋污水100%收集处理）。在水运工地扬尘治理中，全部落实"六个100%"（施工现场100%围蔽、工地沙土不用时100%覆盖、工地路面100%硬地化、拆除工程100%洒水压尘、出工地车辆100%冲净车轮车身、施工现场长期裸土100%覆盖或绿化），2020年工地100%完成在线扬尘监控系统建设。

以上政策为输入 LEAP 模型、约束情景下碳排放和污染物排放的情景参数提供了重要依据。

6.2　碳排放达峰情景的污染物减排量

　　基于社会经济与能源发展预测结果，结合国家、广州市有关法规、政策、标准及上述情景参数对现役污染源和新建污染源的污染治理要求及控制目标，以经济预测、人口预测、能源消耗量预测为基础，2015 年为基准年，不同约束情景的达峰年为预测目标年，通过 LEAP 模型和排放因子法相结合，计算不同排放部门的减排量，通过调研相关部门对数据进行确认和修正，预测不同情景下的污染物排放量和 CO_2 排放量（表 6-2），为分析污染物排放量对空气质量改善造成的压力及空气质量达标面临的宏观发展形势奠定了基础。

表 6-2　广州市在不同情景下的污染物及 CO_2 排放量预测结果

单位：t（CO_2 单位为万 t）

排放部门		农业	工业	交通	服务业+农村生活+城镇生活	废弃物处理	扬尘
SO_2	基准情景	0	12 797	3 910	358	0	0
	达峰情景	0	11 921	3 372	358	0	0
	低位达峰情景	0	11 456	3 181	358	0	0
NO_x	基准情景	0	27 470	136 886	953	0	0
	达峰情景	0	27 254	134 762	479	0	0
	低位达峰情景	0	27 067	133 334	459	0	0
VOCs	基准情景	0	68 117	42 416	6 273	3 320	0
	达峰情景	0	67 898	41 567	6 257	3 320	0
	低位达峰情景	0	67 952	41 134	6 256	3 320	0

排放部门		农业	工业	交通	服务业+农村生活+城镇生活	废弃物处理	扬尘
CO	基准情景	0	92 510	171 776	25 978	0	0
	达峰情景	0	90 504	168 564	26 006	0	0
	低位达峰情景	0	90 656	167 124	25 995	0	0
$PM_{2.5}$	基准情景	0	8 420	4 337	6 242	0	11 299
	达峰情景	0	8 240	4 139	6 239	0	11 299
	低位达峰情景	0	8 183	3 945	6 239	0	11 299
PM_{10}	基准情景	0	10 561	4 723	7 309	0	51 423
	达峰情景	0	10 412	4 295	7 302	0	51 423
	低位达峰情景	0	10 321	3 874	7 301	0	51 423
NH_3	基准情景	15 626	0	1 042	208	5 005	0
	达峰情景	15 626	0	1 042	208	5 005	0
	低位达峰情景	15 626	0	1 042	208	5 005	0
CO_2	基准情景	82	2 283	7 012	4 210	0	0
	达峰情景	80	3 920	4 600	4 100	0	0
	低位达峰情景	80	2 098	4 523	4 068	0	0

图6-2为广州市基准年（2015年）在基准情景（CP3）、达峰情景（PS）和低位达峰情景（EPS）下污染物排放量的对比。可以看出，2015年7种污染物中，SO_2的减排力度最显著，总量下降69%，其中非道路移动源和道路移动源的 SO_2排放量均下降了87%左右；烟粉尘的减排效果也较为明显，PM_{10}的排放量下降了40%，$PM_{2.5}$的排放量下降了38%，其中工艺过程源的减排力度最大，其 PM_{10}和 $PM_{2.5}$的排放量均下降了50%左右，其次为生物质燃烧源，其 PM_{10}和 $PM_{2.5}$的排放量均下降了40%左右，减排潜力相对较小的排放源为其他排放源；CO 的排放有一定的"不降反升"的趋势；NH_3、VOCs、NO_x的减排力度相比其他污染物较小。

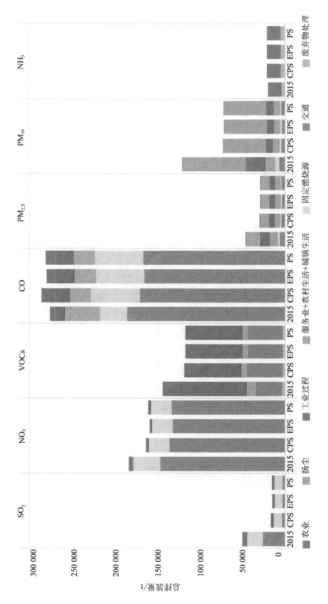

图 6-2 广州市基准年（2015 年）在不同约束情景下的污染物排放量对比

广州市空气质量
达标分析

本书将 $PM_{2.5}$ 年均浓度作为广州市空气质量达标的评价指标。广州市人民政府 2016—2017 年先后出台了 3 份文件规定广州市 2020 年 $PM_{2.5}$ 的年均浓度目标：2016 年 11 月 28 日，广州市人民政府办公厅印发了《广州市环境保护"十三五"规划》，把 $PM_{2.5}$ 年均浓度力争 30 $\mu g/m^3$ 作为约束性指标；2017 年 2 月，《广州市城市环境总体规划（2014—2030 年）》印发，要求到 2020 年 $PM_{2.5}$ 年均浓度达到 30 $\mu g/m^3$；2017 年 12 月，《广州市环境空气质量达标规划（2016—2025 年）》印发，预计 2020 年 $PM_{2.5}$ 的年均浓度在 30～34 $\mu g/m^3$，力争将 30 $\mu g/m^3$ 作为约束性指标，同时指出实现较为严格的 30 $\mu g/m^3$ 目标需要气象条件有利于污染物扩散，以及广州市及周边城市共同采取大气污染物强化减排措施。

因此，本书在后续的空气质量（$PM_{2.5}$）达标分析中，分别以严格目标（30 $\mu g/m^3$）和宽松目标（34 $\mu g/m^3$）展开评价，以为广州市碳排放达峰情景下的空气质量达标情况提供科学支撑。

7.1 空气质量模拟平台

7.1.1 研究区域与模拟时段

为了平衡模拟精度与计算资源需求，本书采取三层嵌套网格的方式进行模拟。最外层（D 01）覆盖大半个中国（包含山东省、河北省南部地区、山西省中南部地区、陕西省中南部地区、宁夏回族自治区中南部地区、甘肃省南部地区、青海省东南部地区、西藏自治区东部地区、四川省、重庆市、河南省、江苏省、安徽省、湖北省、贵州省、云南省、广西壮族自治区、广东省、湖南省、江西省、福建省、浙江省、海南省和上海市）和部分东亚国家（越南北部地区、老挝北部地区、泰国北部地区、缅甸东部和北部地区），分辨率为 27 km×27 km，网格数为 96×81；中间层（D 02）覆盖广东省、广西壮族自治区中东部地区、湖南省南部地区、江西省南部地区和福建省西南部地区，分辨率为 9 km×9 km，网格数为 100×79；最内层（D 03）覆盖广州市，分辨率为 3 km×3 km，网格数为 58×73。模拟区域均采用兰伯特投影坐标系统（LAMBERT），具体参数见表 7-1。

表 7-1　空气质量模拟区域 LAMBERT 参数

参数名称	值
投影方式	Lambert-Conformal
中心经度（x）	109.803°E
中心纬度（y）	27.261°N

基于生态环境部办公厅 2018 年 6 月发布的《关于印发〈"三线一单"编制技术要求（试行）〉的通知》，选取 2015 年 1 月、4 月、7 月和 10 月 4 个典型月份，分别代表冬季、春季、夏季和秋季。为减少初始条件的影响，提高模拟的准确性，分别在每个模拟月份的前一个月第 24 日开始模拟，即 4 个模拟月份分别有 8 天、8 天、7 天和 7 天的模拟期。

7.1.2 WRF 气象模型

本书使用美国新一代中尺度数值预报系统 WRF 来模拟 CMAQ 所需要的气象场。

本书采用的气象模型为 WRF 3.6 版本，模拟区域垂直层分为 34 层，顶层为 5 000 Pa。WRF 气象模型采用 Lambert Conformal Conic 投影坐系，中心点坐标为 27.261°N 和 109.803°E，两条纬线分别为 25°E 和 47°N。考虑到边界条件的影响，WRF 的水平网格通常要比 CMAQ 的网格大一些，即每一层网格在各个方向比 CMAQ 模拟区域多 6 个网格。最外层分辨率为 27 km×27 km，网格数是 99×84；中间层分辨率为 9 km×9 km，网格数为 103×82；最内层分辨率是 3 km×3 km，网格数是 61×76。WRF 气象模型的物理、化学参数化方案对模拟结果有重要影响，进而会影响到化学模型的模拟效果。本书中 WRF 主要参数见表 7-2。

表 7-2　WRF 主要参数

参数名称	值
微物理过程方案	WSM 6 类冰雹方案
长波辐射方案	RRTM 方案
短波辐射方案	Goddard 短波方案
近地面层方案	Monin-Obukhov 方案
陆面过程方案	Noah 陆面过程方案
边界层方案	YSU 方案
积云参数化方案	Grell-Devenyi 集合方案

为排除气象因素的影响，仅考虑污染物减排和企业空间迁移的影响，假设 2015 年到碳排放达峰年广州市的气象条件不发生剧变，不同情景的气象要素均使用 2015 年的气象要素。

7.1.3 源排放清单处理

源排放清单最终格式需要与 CMAQ 模型范围和网格数据一致。排放清单涉及 7 种污染物：SO_2、NO_x、$PM_{2.5}$、PM_{10}、VOCs、CO 和 NH_3，D 01 和 D 02 分为 5 个部门：农业源、工业源、电厂、民用源和交通源，D 03 分为 11 个部门：化石燃料固定燃烧源、工艺过程源、农业源、废弃物处理排放源、道路移动源、非道路移动源、储存运输源、扬尘源、生物质燃烧源、其他溶剂使用源和其他排放源。

1. D 01 范围的排放清单

考虑污染物源可能存在长距离运输，D 01 范围的排放清单覆盖范围较广，包括大半个中国和部分东亚国家。

部分东亚国家（老挝、越南、缅甸和泰国）采用 EDGAR v4.3.2 排放清单。其中，数据源的 AGS、AWB、ENF 和 MNM 共 4 个字段的总和作为农业源；ENE 字段作为电厂；IND、CHE、FOO、IRO、NEU、NFE、NMM、PAP、SOL、PRU　PRO、REF_TRF、FFF、SWD_INC、SWD_LDF 和 WWT 共 16 个字段的总和作为工业源；TRO、TNR_Aviation_CDS、NR_Aviation_CRS、NR_Aviation_LTO、NR_Aviation_SPS、TNR_Other 和 TNR_Ship 共 7 个字段的总和作为交通源；RCO 字段作为民用源。EDGAR v4.3.2 排放清单的空间分辨率为 0.1°×0.1°，而 CMAQ 模型中的网格分辨率为 27 km×27 km，两

者之间的分辨率不同，本书基于 CMAQ 网格，使用 ArcGIS 软件对 EDGAR 排放清单按面积占比进行重新分配。

对于中国地区的排放清单，采用清华大学 2015 年公布的 MEIC，排放源部门分类与 EDGAR 排放清单一致，结合各省级的统计年鉴、环境统计公报等官方统计数据对各省、各部门的污染物排放总量进行验证和纠正。此外，MEIC 的空间分辨率为 0.25°×0.25°，同样可使用 ArcGIS 软件进行排放清单的重新分配。将部分东亚国家和中国地区的排放清单相结合，最终得出 27 km 网格分辨率的最外层（D 01）范围的排放清单。

2. D 02 范围的排放清单

采用 2015 年公布的 MEIC，其处理方法与 D 01 范围中国地区的处理方法一致，不再赘述。最终得出 9 km 网格分辨率的中间层（D 02）范围的排放清单。

3. D 03 范围的排放清单

对于 2015 年广州市污染物排放清单，基于 5.2 节和 5.3 节的排放清单编制方法和结果，使用 ArcGIS 软件将排放清单在空间层面进行加和，最终得出 3 km 网格分辨率的最内层（D 03）范围的排放清单。

将 D 01、D 02 和 D 03 范围的排放清单结合物种分配等参数输入 ISAT 模型，最终可输出 CMAQ 模型可识别的格式。

7.1.4 CMAQ 模型参数

CMAQ 模型采用与 WRF 相同的 Lambert conformal conic 投影坐

标系，模拟区域在垂直方向上分为 15 层，靠近地面层数较多，最高层为 100 mb。每层的 Sigma 坐标分别为 1.000、0.995、0.988、0.980、0.970、0.956、0.938、0.893、0.839、0.777、0.702、0.582、0.400、0.200 和 0.000。水平网格 3 层分辨率从外到内分别为 27 km、9 km、3 km，网格数分别为 96×81 格、100×79 格、58×73 格，其中最外层网格覆盖大半个中国和部分东亚国家，中间层网格覆盖广东省，最内层网格覆盖广州市。在模型参数选择中，气相化学反应机制选择 CB05，气溶胶机制选择 AERO6，共包含 156 种化学反应和 51 个化学物种。

7.2 模拟验证方法与验证结果

7.2.1 验证方法

CCTM 是 CMAQ 模型的核心模式，模拟了各种污染物在大气中经过物理化学反应后，最终生成的各种污染物在整个模式三维空间中的浓度分布情况。不同的模拟时段、排放条件、气象条件等因素都影响着空气质量结果，因此需要对空气质量模拟平台的模拟结果进行分析评估，为后续平台的建立提供更有力的证据，为后续空气质量达标分析提供准确的科学支撑。

CCTM 模式验证的思路主要是在最终浓度结果（NC 文件）中提取监测站点所对应网格的污染物浓度，与实际监测值进行比较分析，最终判断空气质量模拟平台的好坏。自《环境空气质量标准》

（GB 3095—2012）颁布后，监测站点已实现持续监测并实时发布了 6 种大气污染物（SO$_2$、NO$_2$、PM$_{10}$、PM$_{2.5}$、O$_3$、CO）的浓度值。尽管在模拟过程中也模拟了以上 6 种污染物，但本书主要从 PM$_{2.5}$ 的角度评估广州市空气质量的达标情况，因此模型评估过程中只评估了 PM$_{2.5}$。

本书将广州市 10 个空气质量监测国控点（具体站点位置如图 7-1 所示）的日均浓度监测数据作为验证数据，逐一绘制了与其空间上对应网格的 PM$_{2.5}$ 浓度时间序列图，并采用数理统计常用的分析指标，评价模拟值和监测值的准确度和可信度，常用于检验空气质量模型模拟情况的 5 个指标为监测平均值（O）、模拟平均值（M）、相关系数（Correlation coefficient，r）、标准化平均偏差（Normalized Mean Bias，NMB）、标准化平均误差（Normalized Mean Error，NME），具体计算公式如下：

$$\bar{O} = \frac{1}{N}\sum_{i=1}^{N}O_i \tag{7-1}$$

$$\bar{M} = \frac{1}{N}\sum_{i=1}^{N}M_i \tag{7-2}$$

$$r = \frac{\sum_{i=1}^{N}(M_i - \bar{M})(O_i - \bar{O})}{\sqrt{\sum_{i=1}^{n}(M_i - \bar{M})^2}\sqrt{\sum_{i=1}^{n}(O_i - \bar{O})^2}} \tag{7-3}$$

$$NMB = \frac{\sum_{i=1}^{N}(M_i - O_i)}{\sum_{i=1}^{n}O_i} \times 100\% \tag{7-4}$$

$$NME = \frac{\sum_{i=1}^{N} |M_i - O_i|}{\sum_{i=1}^{n} O_i} \times 100\%$$ （7-5）

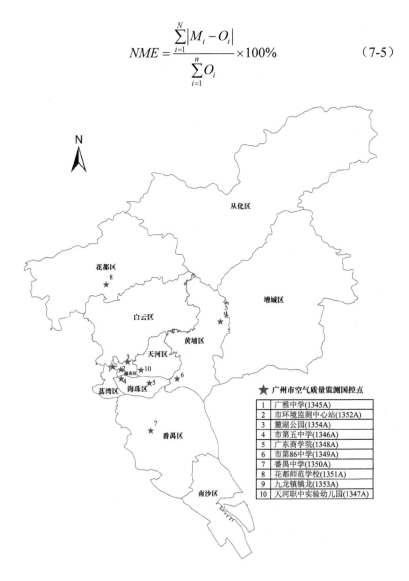

图 7-1　广州市 10 个空气质量监测国控站点

式中，$\bar{O}$——监测站平均值，$\mu g/m^3$；

  O_i——第 i 天的监测值，$\mu g/m^3$；

  M_i——第 i 天的 CMAQ 结果模拟值，$\mu g/m^3$；

  $\bar{M}$——监测站模拟平均值，$\mu g/m^3$；

  N——1 月、4 月、7 月、10 月的天数，量纲一，1 月和 7 月

    $N=31$，4 月和 10 月 $N=30$；

  NMB——监测值和模拟值的平均偏离度，量纲一，越趋于 0，

    模拟效果越好；

  NME——平均绝对误差，量纲一，越趋于 0，模拟效果越好；

  R——模拟值和监测值的相关程度，量纲一，越接近 1，模拟

    效果越好。

7.2.2　验证结果

本书主要关注广州市 $PM_{2.5}$ 的达标情况，考虑到计算效率等因素，只针对 $PM_{2.5}$ 的模拟情况开展验证和评估，以解释本书搭建空气质量模拟平台在广州市空气质量达标的模拟能力。评估标准参考美国国家环境保护局设定的两级参考标准：①目标标准（Performance Goal），NMB 绝对值小于或等于 15%、NME 小于或等于 35% 表明模型模拟结果在最优范围内；②准则标准（Performance Criteria），NMB 绝对值小于或等于 30%、NME 绝对值小于或等于 75% 表明模型模拟结果在可接受范围内。

本书分别用数理统计和时间序列图两种方法评估 CMAQ 模拟结果，具体如图 7-2 和表 7-3 所示。不同月份、不同监测站点的监测值

和模拟值有一定的差异性，但广州 PM$_{2.5}$ 浓度的模拟整体较好。模拟时期内的 4 个月中，相比于其他站点，市第 86 中学和广东商学院站点的 NMB 较高，存在高估现象，总体 NMB 值基本在小于 15%的范围内（除 7 月外）；从标准化平均误差来看，只有市第 86 中学的 4 月和 7 月超过"准则标准"，分别为 92%和 103%，其他站点几乎都在"目标标准"范围内。为更直观地展示本书空气质量 PM$_{2.5}$ 浓度模拟评估参数（NMB 和 NME），通过"球门图"（图 7-2）展示 NMB

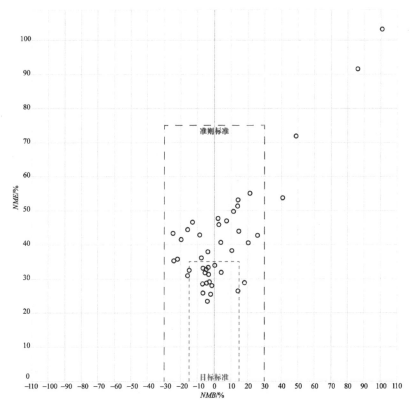

图 7-2　广州市 10 个国控站点 PM$_{2.5}$ 浓度监测值与模拟值评估值统计"球门图"

和 *NME* 的相关关系，以及两个变量在"目标标准"和"准则标准"范围的具体情况。其中，横坐标表示标准化平均偏差（*NMB*），纵坐标表示标准化平均误差（*NME*），虚线框内表示不同标准区域，橙色框内表示"目标标准"，红色框内表示"准则标准"，圆圈表示 4 个月 10 个站点 $PM_{2.5}$ 的评估结果。从时间序列和相关系数来看，4 月的相关系数相对较低，但该月整体变化趋势与监测趋势基本一致，其他月份相关系数基本大于 0.6，变化趋势与监测趋势基本一致。本书空气质量模拟平台的模拟结果在整体水平上能够反映广州市大气污染物浓度水平和变化趋势，即趋势相同、量级相同。

表 7-3 广州市 10 个国控点 $PM_{2.5}$ 浓度监测值与模拟值对比验证

时间	监测站点	OI ($\mu g/m^3$)	MI ($\mu g/m^3$)	r	NMBI/%	NMEI/%
1 月	广雅中学	68.4	67.9	0.7	−3.3	31.2
	市环境监测中心站	57.8	56.2	0.3	−5.3	31.7
	麓湖公园	48.1	47.1	0.4	−4.7	32.7
	市第五中学	68.7	59.5	0.2	−15.7	30.9
	广东商学院	64.3	69.5	0.4	4.4	31.8
	市第 86 中学	60.4	79.6	0.3	26.0	42.7
	番禺中学	63.2	79.5	0.2	20.2	40.5
	花都师范学校	63.1	50.2	0.7	−21.7	35.7
	九龙镇镇龙	58.4	50.9	0.8	−14.7	32.4
	天河职中实验幼儿园	59.2	56.7	0.4	−6.9	28.5
	1 月平均	61.1	61.7	0.4	−2.2	33.8

时间	监测站点	O/ $(\mu g/m^3)$	M/ $(\mu g/m^3)$	r	NMB/%	NME/%
4月	广雅中学	38.9	40.0	0.2	2.9	45.8
	市环境监测中心站	34.2	40.5	0.2	13.9	51.3
	麓湖公园	36.1	40.3	0.3	11.7	49.7
	市第五中学	45.3	39.5	0.1	−12.9	46.6
	广东商学院	39.1	47.4	0.3	21.4	55.0
	市第86中学	31.0	57.7	0.3	86.1	91.5
	番禺中学	36.9	37.8	0.2	2.4	47.6
	花都师范学校	38.6	44.7	0.4	14.9	43.9
	九龙镇镇龙	37.5	34.7	0.4	−7.4	36.1
	天河职中实验幼儿园	31.3	46.5	0.2	48.8	71.8
	4月平均	36.9	42.9	0.3	18.2	53.9
7月	广雅中学	30.2	26.0	0.4	−15.8	44.4
	市环境监测中心站	31.9	24.8	0.5	−24.5	43.3
	麓湖公园	26.3	25.4	0.6	−3.5	37.9
	市第五中学	30.9	25.5	0.5	−19.7	41.5
	广东商学院	23.4	33.0	0.5	41.0	53.7
	市第86中学	26.6	53.5	0.4	101.0	103.2
	番禺中学	31.1	28.5	0.6	−8.4	42.8
	花都师范学校	27.8	29.2	0.7	0.5	33.9
	九龙镇镇龙	25.9	28.7	0.5	10.5	38.3
	天河职中实验幼儿园	NULL	29.5	NULL	NULL	NULL
	7月平均	28.2	30.4	0.5	9.0	48.8

时间	监测站点	O/ (μg/m³)	M/ (μg/m³)	r	NMBI/%	NMEI/%
10 月	广雅中学	49.9	48.5	0.7	−6.5	25.7
	市环境监测中心站	47.1	45.0	0.7	−4.3	28.7
	麓湖公园	40.5	39.7	0.7	−2.0	25.4
	市第五中学	44.3	44.5	0.8	−4.0	23.3
	广东商学院	41.0	48.9	0.7	18.2	28.8
	市第 86 中学	45.3	51.8	0.7	14.4	26.4
	番禺中学	55.1	54.5	0.7	−1.1	28.0
	花都师范学校	39.8	38.4	0.4	−6.5	33.0
	九龙镇镇龙	46.6	35.4	0.5	−24.0	35.2
	天河职中实验幼儿园	NULL	43.0	NULL	NULL	NULL
	10 月平均	45.5	45.0	0.7	−1.8	29.3
	年平均	43.3	45.0	0.5	5.9	41.3

注：由于缺少 7 月和 10 月天河职中实验幼儿园（天河职幼）监测站点的数据，无法进行后续的统计分析，故表中用 NULL 进行替代。

综上所述，本书搭建的空气质量模拟平台的模拟结果和监测值的平均偏离度较低，模式具有一定的可信度，对研究区域内广州市 PM$_{2.5}$ 浓度具有较好的模拟能力，可以在此基础上进行后续的 PM$_{2.5}$ 源解析研究。但由于广州市第 86 中学监测站点普遍存在高估现象，影响后续对广州市空气质量的达标评价，本书将分别按照剔除和保留该站点两种情况对广州市 PM$_{2.5}$ 浓度进行达标分析。

造成模型结果与实际监测值出现较大偏差的原因主要包括突发重污染天气、气象场偏差、污染物排放源清单（排放总量、时间分配、空间分配和物种分配）、NCL（the NCAR command language）后处理中一次和二次 PM$_{2.5}$ 物种种类选择等。通过与其他相关研究的模拟值评估对比，本书可以较为准确地模拟出广州市 PM$_{2.5}$ 的污染态势（图 7-3）。

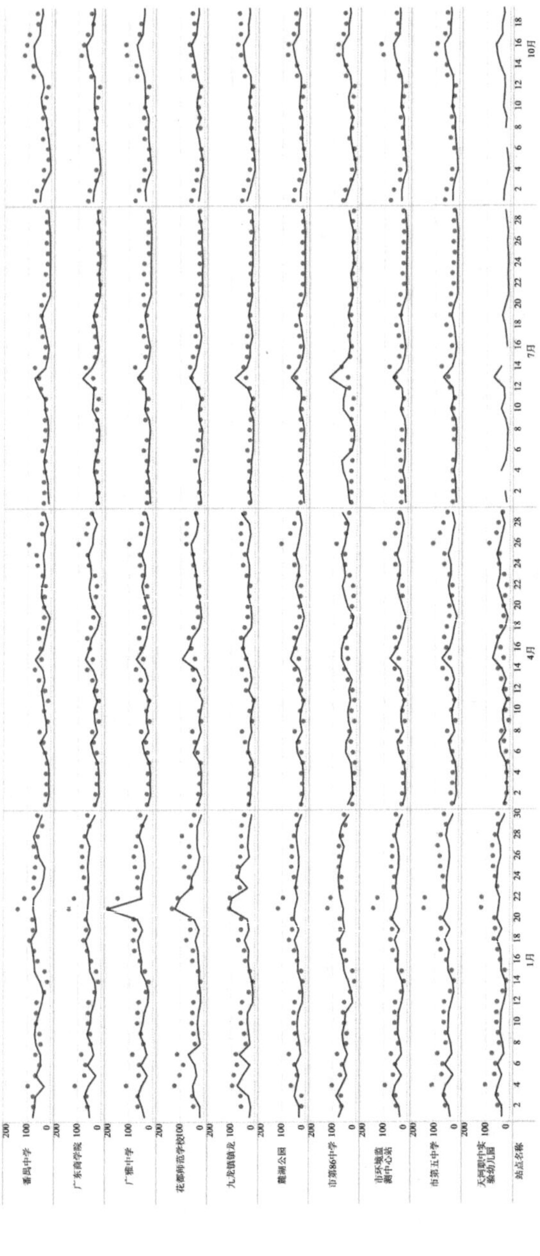

图 7-3 广州市 10 个国控站点 PM₂.₅ 监测值与模拟值时间序列对比

7.3 空气质量目标分析

本书以观测数据为基准，用模型模拟结果的相对变化比例进行数据分析，以消除模型未来情景结果中的误差。公式如下：

未来三种情景（基准情景、达峰情景和低位达峰情景）的 $PM_{2.5}$ 浓度=2015 年监测站点 $PM_{2.5}$ 浓度×情景 $PM_{2.5}$ 模拟浓度÷2015 年 $PM_{2.5}$ 模拟浓度 （7-6）

此外，由于本书的分析结果基于标况的状态，对空气质量目标的分析会产生一定误差。

7.3.1 $PM_{2.5}$ 浓度空间分布特征

基于本书第 5 章和第 6 章的分析，通过空气质量模拟平台分别模拟 2015 年、基准情景、达峰情景和低位达峰情景的 $PM_{2.5}$ 浓度分布情况，将 1 月、4 月、7 月、10 月的平均浓度值求平均作为年均浓度值。图 7-4 分别展示了不同情景下春季、夏季、秋季、冬季和年均 $PM_{2.5}$ 浓度的模拟情况。

从年均浓度分布特征来看，全市 $PM_{2.5}$ 的浓度呈现出明显的空间分布特征，$PM_{2.5}$ 排放浓度相对较高的地区主要集中在广州市的中西部（荔湾区、越秀区、海珠区、天河区）及番禺区北部地区。通过实施各项污染物控制措施，达峰情景下的空气质量相比于 2015 年有了明显的改善，高值区的范围明显缩小，其中从化区、花都区、增城区和南沙区的 $PM_{2.5}$ 浓度基本低于 30 μg/m³。由于气象条件相同，不同情景下的 PM$_{2.5}$ 浓度分布趋势基本一致。

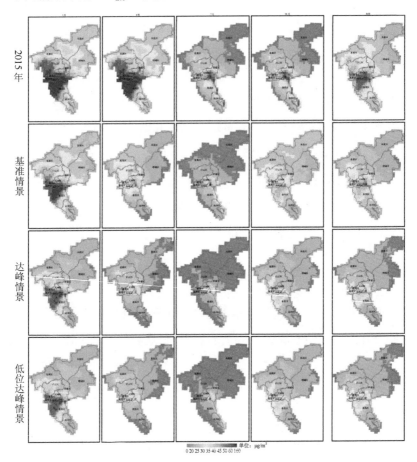

图 7-4　基准年和不同情景下广州市 PM$_{2.5}$ 浓度空间分布

从不同季节的时间尺度来看，2015年和达峰情景的模拟趋势一样，由于秋冬季容易受不利污染物扩散及少雨、静风、逆温、静稳天气等气象条件的影响，PM$_{2.5}$ 浓度相较于其他季节更高。其中，1

月（冬季）的平均浓度最高，2015年存在$PM_{2.5}$浓度超过$100 \mu g/m^3$的地区，番禺区北部大部分地区的$PM_{2.5}$浓度都超过了$70 \mu g/m^3$，重污染区域与年均分布基本一致。通过对污染物排放的严格管控，达峰情景下冬季不存在$PM_{2.5}$浓度超过$100 \mu g/m^3$的区域，番禺区北部地区的$PM_{2.5}$浓度也显著下降，基本在$40 \sim 60 \mu g/m^3$。7月（夏季）的$PM_{2.5}$平均浓度最低，夏季重污染区域主要位于黄埔区南部地区，与秋冬季分布形式存在较大差异，这主要与夏季污染物扩散条件好有较大的关联。2015年夏季重污染区域的$PM_{2.5}$浓度范围主要为$40 \sim 50 \mu g/m^3$，达峰情景则改善了很多，$PM_{2.5}$浓度基本降到了$30 \sim 35 \mu g/m^3$，番禺区和南沙区东部地区的$PM_{2.5}$浓度改善也较为明显。

7.3.2　$PM_{2.5}$行业源解析

上一节从时间尺度方面分析了广州市的空气质量情况，回答了要实现碳达峰情景，空气质量达标应该从哪个季节进行重点管理。本节将结合源解析的情况，为广州市政府进行重点区域管控提供有效的政策支撑。

$PM_{2.5}$源解析工作是科学、有效地开展颗粒物污染防治的基础和前提，是制定环境空气质量达标规划和重污染天气应急预案的重要依据。

从区域源解析来看，已有的研究成果表明，广州市2014年本地$PM_{2.5}$的贡献率达到了62.0%，而周边目标区域的贡献率仅为32.7%。因此，广州市政府在治理$PM_{2.5}$的时候，除着重考虑本地污染物排放外，还可以联合周边城市实行"联防联控"。

结合广州市生态环境局官网公布的 2018 年广州市 $PM_{2.5}$ 源解析结果，广州市 $PM_{2.5}$ 来源中占比最大的是工业源和移动源，分别为 29.3%和 25.5%。工业源中，燃煤源占 22.2%、工业工艺源占 7.1%；移动源中，机动车占 16.8%、非道路移动源（船舶、施工机械等）占 8.7%。此外，面源（农业、生活等）占 15.8%，生物质燃烧源占 9.9%，扬尘源占 7.6%，自然源占 6.8%。

因此，在 2020 年碳达峰情景下，广州市分别对城区和郊区不同排放源进行了重点管控。对于城区，应重点管控机动车尾气源和工业源；对于南部地区，应重点关注自然源、面源（农业、生活等）和非道路移动源；对于北部地区，应重点关注生物质燃烧源和扬尘源。

广州市 $PM_{2.5}$ 的化学成分复杂，是由 VOCs、SO_2、NO_x 和 NH_3 等前体物二次转化形成的。总体来说，工业源和移动源对大气污染物 $PM_{2.5}$ 的贡献率较高。此外，农业和生活等面源排放同样是影响广州市空气质量的重要原因。此外，广州市的 NO_x、VOCs 等污染物的减排力度较小，O_3 污染问题难以得到有效控制，此外还存在 NO_2 浓度超标的风险。结合不同季节的气象条件，建议广州市政府针对不同监测站点，对重点区域、重点污染物源进行重点管控，如严格控制道路柴油货车、客车的行驶，淘汰不符合国三排放标准的重型货车、中轻型货车，提升油品质量、机动车的燃油经济性及对餐饮油烟进行净化等是降低全市 $PM_{2.5}$ 排放量的关键。

7.3.3 PM$_{2.5}$浓度达标评价

本书基于空气质量评价模拟结果，通过空气监测站点所在网格的 PM$_{2.5}$ 浓度，评价广州市空气质量达标情况。由于帽峰山森林公园监测站点为对照点，不纳入考核范围，因此最终采用广州市 10 个监测站点的 PM$_{2.5}$ 浓度，分别从严格目标（30 μg/m^3）和宽松目标（34 μg/m^3）方面进行空气质量达标评价，最终结果见表 7-4。为更直观地展示各月份和各监测站点具体的 PM$_{2.5}$ 浓度情况和达标情况，绘制图 7-5 进行直观展示。

表 7-4　广州市 10 个国控站点监测值及 3 种模拟情景的 PM$_{2.5}$浓度

单位：μg/m^3

时间	监测站点	监测值	模拟值			
			2015 年	基准情景	达峰情景	低位达峰情景
1 月	广雅中学	68.4	67.9	47.7	41.9	41.8
	市环境监测中心站	57.8	56.2	43.0	37.7	37.7
	麓湖公园	48.1	47.1	36.3	31.9	31.9
	市第五中学	68.7	59.5	44.7	39.3	39.2
	广东商学院	64.3	69.5	51.3	45.1	44.9
	市第 86 中学	60.4	79.6	61.2	53.7	53.5
	番禺中学	63.2	79.5	55.3	48.6	48.4
	花都师范学校	63.1	50.2	32.2	28.3	28.3
	九龙镇镇龙	58.4	50.9	27.4	24.1	24.0
	天河职中实验幼儿园	59.2	56.7	44.3	38.9	38.9
	1 月平均	61.1	61.7	44.4	38.9	38.9

时间	监测站点	监测值	模拟值			
			2015 年	基准情景	达峰情景	低位达峰情景
4 月	广雅中学	38.9	40.0	33.0	28.9	28.7
	市环境监测中心站	34.2	40.5	32.8	28.8	28.6
	麓湖公园	36.1	40.3	33.0	28.9	28.7
	市第五中学	45.3	39.5	32.1	28.1	27.9
	广东商学院	39.1	47.4	37.8	33.0	32.8
	市第 86 中学	31.0	57.7	45.0	38.9	38.4
	番禺中学	36.9	37.8	29.8	26.0	25.9
	花都师范学校	38.6	44.7	35.9	31.7	31.1
	九龙镇镇龙	37.5	34.7	29.4	25.7	25.5
	天河职中实验幼儿园	31.3	46.5	37.2	32.4	32.2
	4 月平均	36.9	42.9	34.6	30.2	30.0
7 月	广雅中学	30.2	26.0	22.6	19.7	19.5
	市环境监测中心站	31.9	24.8	21.0	18.3	18.2
	麓湖公园	26.3	25.4	21.5	18.8	18.6
	市第五中学	30.9	25.5	21.7	18.9	18.8
	广东商学院	23.4	33.0	26.9	23.4	23.2
	市第 86 中学	26.6	53.5	39.5	34.0	33.3
	番禺中学	31.1	28.5	22.1	19.3	19.1
	花都师范学校	27.8	29.2	25.3	22.1	21.7
	九龙镇镇龙	25.9	28.7	23.6	20.5	20.3
	天河职中实验幼儿园	NULL	29.5	24.4	21.3	21.1
	7 月平均	28.2	30.4	24.8	21.6	21.4
10 月	广雅中学	49.9	48.5	42.1	36.9	36.7
	市环境监测中心站	47.1	45.0	38.9	34.0	33.9
	麓湖公园	40.5	39.7	34.6	30.3	30.2
	市第五中学	44.3	44.5	38.2	33.4	33.3

时间	监测站点	监测值	模拟值			
			2015 年	基准情景	达峰情景	低位达峰情景
10 月	广东商学院	41.0	48.9	41.1	35.9	35.7
	市第 86 中学	45.3	51.8	44.3	38.6	38.3
	番禺中学	55.1	54.5	43.9	38.3	38.0
	花都师范学校	39.8	38.4	34.6	30.4	30.3
	九龙镇镇龙	46.6	35.4	31.7	27.8	27.8
	天河职中实验幼儿园	NULL	43.0	37.5	32.8	32.6
	10 月平均	45.5	45.0	38.7	33.9	33.7
	年平均	43.3	45.0	35.6	31.2	31.0

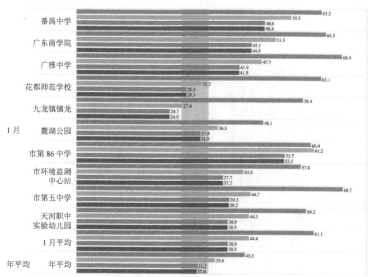

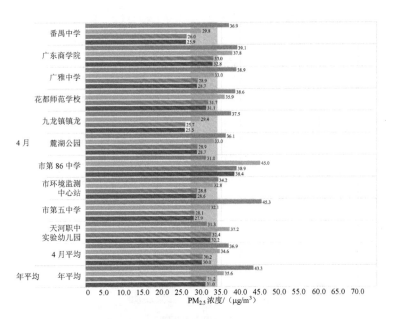

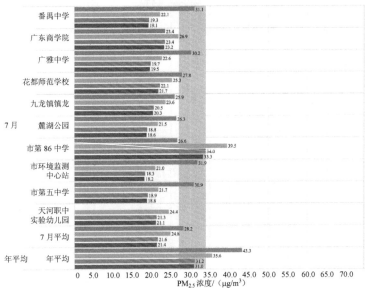

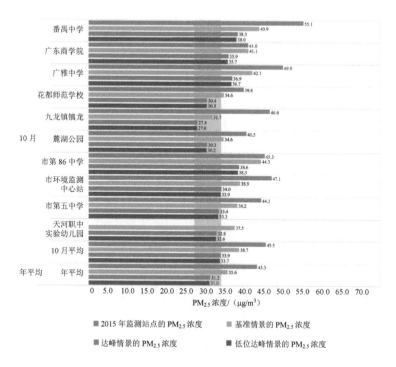

图 7-5 广州市国控站点模拟情景的 PM$_{2.5}$ 浓度

从年均浓度分析，2015 年广州市 10 个监测站点的 PM$_{2.5}$ 实际监测浓度的年平均值为 43.3 μg/m^3，高于宽松目标（34 μg/m^3）。而在模拟情景下，2015 年 10 个监测站点的 PM$_{2.5}$ 年均浓度值为 45.0 μg/m^3，比监测年均值大，说明模型模拟可能存在一定程度的高估现象。对广州市未来排放进行不同情景的模拟，结果显示基准情景下全市监测站点的 PM$_{2.5}$ 年均浓度均为 35.6 μg/m^3，较 2015 年的实际监测数据下降约 21%。由此可见，若不引入新的减排技术或政策，处于完全无外部干扰的发展状态下，广州市的空气质量仍无法达到宽松目标。

但综合考虑在推行减排政策、减排技术、提升能源效率、优化能源结构等情况下，到 2020 年达峰情景全市监测站点的 $PM_{2.5}$ 年均浓度均为 31.2 $\mu g/m^3$，较 2015 年的实际监测数据下降约 39%，低于宽松目标（34 $\mu g/m^3$），若剔除市第 86 中学监测站点，碳排放达峰情景下全市监测站点的 $PM_{2.5}$ 年均浓度为 30.2 $\mu g/m^3$，而在条件更为严格的低位达峰情景下，全市监测站点的 $PM_{2.5}$ 年均浓度均为 31.0 $\mu g/m^3$，低于宽松目标（34 $\mu g/m^3$），相比于达峰情景下的 $PM_{2.5}$ 年均浓度下降了 0.2 $\mu g/m^3$。因此，广州市要使空气质量达标，需要付出更多的努力。两种达峰情景下，若考虑模型存在高估的情况，落实情景假设中的减排政策，广州市可以实现严格的空气质量达标目标，接近宽松目标（30 $\mu g/m^3$）。基于本书的研究结果，广州市政府可以结合自身的经济发展速度和经济条件，选择相应的达峰情景实现碳排放达峰。

从各季节浓度分析，各监测站点的 $PM_{2.5}$ 浓度变化情况随着季节的变化显示出明显的波动规律。2015 年的实际监测数据表明，冬季各监测站点的 $PM_{2.5}$ 浓度最高，夏季最低，呈现明显的季节差异性，全市站点在 1 月、4 月、7 月和 10 月的 $PM_{2.5}$ 浓度平均值分别为 61.1 $\mu g/m^3$、36.9 $\mu g/m^3$、28.2 $\mu g/m^3$ 和 45.5 $\mu g/m^3$。7 月 $PM_{2.5}$ 的平均浓度最低，全部站点的 $PM_{2.5}$ 浓度均在宽松目标（34 $\mu g/m^3$）以下，同时只有 7 月的 5 个监测站点能达到严格目标（30 $\mu g/m^3$），具体为麓湖公园（26 $\mu g/m^3$）、广东商学院（23 $\mu g/m^3$）、市第 86 中学（27 $\mu g/m^3$）、花都师范学校（28 $\mu g/m^3$）、九龙镇镇龙（26 $\mu g/m^3$），其中麓湖公园位于越秀区，广东商学院位于海珠区，其余 3 个监测站点位于非中心城区。可见，就算在气象条件较好的夏季，2015 年中心城区空气质量达标仍具有较大压力。3 种排放达峰情景下各个监测站点的 $PM_{2.5}$ 浓度较 2015 年的监测值均呈下降趋势，且下降幅度差异性较大。基准情景下，全市所有站点在 1 月、4 月、7 月和 10 月的 $PM_{2.5}$ 平均浓度分别为 44.4 μg/m³、34.6 μg/m³、24.8 μg/m³ 和 38.7 μg/m³，$PM_{2.5}$ 年平均浓度为 35.6 μg/m³，除夏季外，都不能达到宽松目标。但经过减排控制后，碳排放达峰情景下，全市所有站点在 1 月、4 月、7 月和 10 月的 $PM_{2.5}$ 平均浓度分别为 38.9 μg/m³、30.2 μg/m³、21.6 μg/m³ 和 33.9 μg/m³，$PM_{2.5}$ 年平均浓度为 31.2 μg/m³。低位达峰情景下，$PM_{2.5}$ 浓度相较于达峰情景低于 0.2 μg/m³。达峰情景和低位达峰情景下所有监测站点（除市第 86 中学外）在夏季均能达到严格目标（30 μg/m³），监测站点（除市第 86 中学外）在春季也能达到宽松目标（34 μg/m³）。实际监测值和模型模拟显示，广州市冬季 $PM_{2.5}$ 浓度最高，所有监测站点均高于宽松目标，因此冬季空气质量情况应该引起当地政府的关注。

在 7.2.2 节提及的广州市第 86 中学监测站点普遍存在高估现象，可能会影响广州市空气质量达标评价，因此剔除市第 86 中学监测站点后，再进行多方面综合评估。剔除后，碳排放达峰情景下全市所有站点的 $PM_{2.5}$ 平均浓度在 1 月、4 月、7 月和 10 月分别为 37.3 μg/m³、29.3 μg/m³、20.3 μg/m³ 和 33.3 μg/m³，$PM_{2.5}$ 年均浓度为 30.0 μg/m³，达到严格目标（30 μg/m³），相较于剔除前减少了 1.2 μg/m³。可见，模型存在误差，也具有一定的不确定性。但从碳排放达峰情景下的广州市空气质量情况来看，全市大气污染物减排量较大，空气质量达标，基本能实现宽松目标，若要实现严格目标，需要更严格地管控各行业并实现转型升级。

本书主要以空气质量是否达标为最终目标，即以某个绝对数值判断达标情况，但模型的不确定性对空气质量达标评价存在一定的影响。尽管本书验证了空气质量模拟平台的可信度，但存在的误差影响仍不容小觑，可能存在的 1 μg/m³ 变动将会直接影响对广州市空气质量达标目标的判断。

因此，除达标分析外，广州市在空气质量达标的过程中具有很大的提升潜力。在治理过程中，要着重考虑季节是影响空气质量达标的重要因素，政府部门在不同季节可采取不同的决策，以达到在时间尺度上精准治理的目的。

7.3.4 协同热点网格

本书借鉴了生态环境部在"2+26"城市范围内提出的大气热点网格的概念，将空间化的污染物排放清单、碳排放清单和空气质量数据三者结合，形成全覆盖式网格化精准监控，识别重点协同管理区域/网格，后期可融合大数据分析、"互联网+"、云计算等新型技术，增强协同减排工作的预见性，准确预测预判潜在环境风险，助推在具体技术和管理等多层面上实施温室气体和大气污染物的协同增效管理，优化协同减排措施的综合效果。

协同热点网格的筛选方法有三步：第一，将全覆盖广州市的 976 个网格进行自动编号，网格融合大气污染物排放清单中的 $PM_{2.5}$ 排放量、碳排放量和 $PM_{2.5}$ 年均浓度数据，以 3 km×3 km 网格为统计维度；第二，以 $PM_{2.5}$ 年均浓度达标目标为阈值，选出高于空气质量达标目标阈值（34 $\mu g/m^3$）的网格区域；第三，基于政府部门或者其他需求方设定的碳排放总量和 $PM_{2.5}$ 排放总量的阈值（本书按排放量相对大小进行排序）与数量，选取超过阈值的网格，最终确定为协同热点网格。

广州市 976 个网格中，2015 年 $PM_{2.5}$ 年均浓度超过目标阈值（34 $\mu g/m^3$）的网格有 222 个，而基准情景下，网格超过目标阈值的只有 79 个，实行低碳政策后，达峰情景和低位达峰情景分别只有 23 个和 21 个网格超过目标阈值。通过计算对比发现，采取措施后，空气质量有了显著提升（达峰情景相比基准情景的 $PM_{2.5}$ 年均浓度下降幅度大于 5$\mu g/m^3$）的区域主要位于浓度大于 34 $\mu g/m^3$ 的区域范围内。融合碳排放总量和 $PM_{2.5}$ 排放总量，最终挑选出广州市在"双达"过程中的协同热点网格 9 个，如图 7-6 所示。协同热点网格内，2015 年与基准情景的 $PM_{2.5}$ 年均浓度差值范围为 8～13 $\mu g/m^3$，与达峰情景和低位达峰情景的差值范围为 13～19 $\mu g/m^3$，尤其是高碳排放和高污染物排放量的网格，在采取措施后基准情景和其余两个达峰情景相比空气质量提升更为显著。

协同热点网格主要分布在广州的主城区（越秀区、海珠区和黄埔区），尤其是黄埔区南部地区的协同热点网格数量较多。当地政府部门后续可以基于热点网格进一步融合高分辨率卫星遥感影像、时间序列大气环境遥感监测结果、"三线一单"初步成果和重点工业园区企业名单、源解析等数据，将网格细化到 1 km×1 km，甚至 500 m×500 m，并且不断完善协同热点网格的筛选方法，搭建实时的协同热点网格监控与预警平台，以提供各区县、工业园区、协同热点网格评估排名、预警、报警、现场检查反馈等功能。

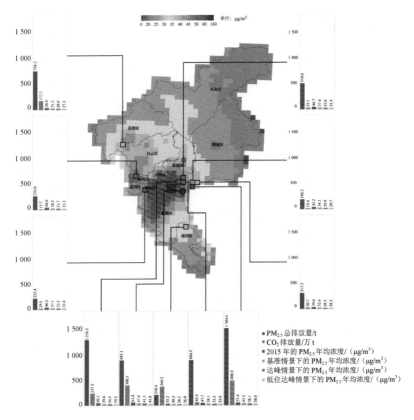

图 7-6　广州市协同管理热点网格

广州市空气质量改善措施分析

中国城市常住人口 1 000 万以上的超大城市只有 4 个,广州市作为其中之一,应该发挥超大城市的优势,通过较低的生产成本、交易费用和更高的土地利用效率使聚集在该市的个人、企事业单位乃至整个社会都因相互之间的正外部性而从中受益。《广州市城市总体规划(2017—2035 年)》草案中,目标愿景是"美丽宜居花城,活力全球城市",把广州市的城市性质定义为广东省省会、国家重要中心城市、历史文化名城、国际综合交通枢纽、商贸中心、交往中心、科技产业创新中心,逐步建设成为中国特色社会主义引领型全球城市。此外,该规划草案特别提出要"强南沙",南沙将实现 30 分钟直达大湾区主要城市中心区和重大交通枢纽。因此,广州市要实现美好愿景必须走可持续低碳发展道路。本书在碳排放达峰情景下,分析广州市空气质量情况并进行达标分析,为广州市生态文明建设保驾护航。

为实现广州市碳排放达峰情景下空气质量达标的目标,在继续推行现有节能减排措施的基础上也可以做以下努力:

一是 NH_3 作为大气中 $PM_{2.5}$ 形成的重要前体物,对空气质量($PM_{2.5}$)有重要影响,可以与大气中的 SO_2 和 NO_x 等物质生成硫酸盐、硝酸盐和铵盐等二次颗粒物,因此有必要控制农业 NH_3 排放。但农业源 NH_3 排放范围较为广阔,排放规律也难以确定,其监测和控制也较难,因此相关政府部门和研究机构可以从农业 NH_3 的严格管控角度探索改善空气质量的路径。

二是基于协同热点网格实现精细治理。实时完善热点网格的污染物和碳排放清单,分类明确治理要求。全力构建市级统筹、区级落实、镇（街）具体监督、村（社区）巡查的工作机制，将压力传导至基层，建立纵向到底的大气防治和碳排放管控的网格化管理工作体系。倡导全民共治，政府、企业、公众各尽其责、共同发力，政府发挥主导作用，企业落实主体责任，公众积极参与监督。

三是实行各区环境空气质量、碳排放重点管控进展情况的定期通报。对环境空气质量持续恶化的区域，及时予以预警提示；对环境问题突出、污染防治工作不力的区域，予以重点督办。

四是坚持以问题为导向。调整产业结构，减少过剩和落后产能，培育新的增长动能；调整能源结构，减少煤炭消费，增加清洁能源使用；调整运输结构，研究扩大货车限行范围，优化货车限行区域；推进公路客运站整合搬迁；调整用地结构，加强扬尘综合治理，控制面源污染。

五是积极推动形成绿色发展方式和生活方式。促进经济绿色低碳循环发展，努力改变广州市能源结构偏煤的现状，调整不符合生态环境功能定位的产业布局和工业园区；推进能源资源全面节约，加强工业节能，强化单位生产总值能耗控制，提高全市电力、建材等重点耗能行业的能源利用率。大力发展绿色建筑，政府投资的公益性建筑、大型公共建筑及新住房全面执行绿色建筑标准；推广简约适度、绿色低碳的生活方式，倡导使用节能环保家电家具等产品，拒绝露天烧烤。提倡绿色家居，鼓励绿色家装，合理控制夏季空调温度。

六是强化扬尘源等面源综合管控。健全扬尘污染联席会议机制，通过巡查、督察、约谈等监督各责任单位落实监管职责，督促所有建设工程全面落实"6个100%"要求。常态化道路洒水保洁，冬春季重点路段应基本保持路面湿润，降低和控制路面扬尘。切实抓好余泥渣土车的污染防治。强化矿山、堆场、码头等扬尘控制。全面禁止露天焚烧，开展全市生物质锅炉全覆盖执法监察。

七是深化移动源污染防治。发掘道路交通领域的减排潜力，实施切实有效的减排措施是广州市实现碳排放尽早达峰及污染物排放达标的重要方向。基于本书得出的结果，为广州市交通领域减排提出4项政策建议。①大力发展公共交通，继续加强公共交通建设。发展 TOD（transit-oriented-development）模式，均衡匹配居住、就业、公共服务和市政设施等各类用地的空间位置，完善优化空间覆盖人口比例和运行线路的调度，将各类型土地利用的空间位置与公交设施和站点位置统筹布局，提高公共交通的可达性。②推进交通运输领域产业结构调整，发展港铁联运，淘汰小规模低端货运物流业，减少货运车辆的行驶里程和运营排放。③优化道路机动车能源结构，进一步发展电动汽车等新能源汽车，加强推广私人轿车和货车电动化、重型货车油改气、氢能源汽车技术、港口岸电技术。通过限购等政策限制柴油、汽油内燃机小客车的继续增长，通过政府补贴等政策鼓励居民购置新能源汽车。未来随着纯电动汽车技术的推广，大量电力将被消耗，而在现阶段南方电网的电力排放因子较高的情况下难以实现低碳发展，因此需要鼓励广州市及南方电网覆盖地区发展可再生能源发电上网，加速降低电力排放因子。出台共享单车和共享电动汽车（分时租赁）管理办法，规范管理。加快新能源汽车配套充电桩建设，提高充电桩建设密度，扩大分布范围，逐步实现市内各行政街道充电桩的有效覆盖，实行网格化便民服务运营管理。加快节能与新能源、清洁替代能源汽车技术开发，加强车辆购置、配套设施建设等方面的政策支持。④降低城市道路拥堵状况，提高道路通行能力。继续实施"开四停四"、限号出行等政策，提高道路的通行能力，提升机动车平均行驶速度，通过提高机动车燃油经济性、降低单车排放因子达到节能减排的效果。

八是从多污染物协同治理的角度对已有减排措施的评价指标进行改进和扩展，为减排措施优化选择和制定协同治理策略提供方法学支撑，也可以结合城市控制性详细规划，从空间角度优化产业布局，开展"碳排放达峰情景+产业布局"对空气质量影响的研究。

参考文献

[1] Tvinnereim E，Liu X，Jamelske E M. Public perceptions of air pollution and climate change: different manifestations，similar causes，and concerns[J]. Climatic Change，2017，140（3）：399-412.

[2] Rypdal K，Rive N，Strm S，et al. Nordic air quality co-benefits from European post-2012 climate policies[J]. Energy Policy，2007，35（12）：6309-6322.

[3] Li N，Chen W，Rafaj P，et al. Air Quality Improvement Co-benefits of Low-Carbon Pathways toward Well Below the 2°C Climate Target in China[J]. Environmental Science and Technology，2019，53（10）：5576-5584.

[4] Rafaj P，Rao S，Klimont Z，et al. Emissionsof air pollutants implied by global long-term energy scenarios[R]. Laxenburg：IIASA，2010.

[5] He K，Lei Y，Pan X，et al. Co-benefits from energy policies in China[J]. Energy，2010，35（11）：4265-4272.

[6] Yang Xi，Teng Fei. The air quality co-benefit of coal control strategy in China[J]. Resources，Conservation and Recycling，2018，129：373-382.

[7] Tollefsen P，Rypdal K，Torvanger A，et al. Air pollution policies in Europe: efficiency gains from integrating climate effects with damage costs to health and crops[J]. Environmental Science & Policy，2009，12（7）：870-881.

[8] Xie Y，Dai H，Xu X，et al. Co-benefits of climate mitigation on air quality and human health in Asian countries[J]. Environment International，2018，119：309-318.

[9] Schucht S, Colette A, Rao S, et al. Moving towards ambitious climate policies: Monetised health benefits from improved air quality could offset mitigation costs in Europe - ScienceDirect[J]. Environmental Science & Policy, 2015, 50: 252-269.

[10] Radu O B, Maarten V, Klimont Z, et al. Exploring synergies between climate and air quality policies using long-term global and regional emission scenarios[J]. Atmospheric Environment, 2016, 140 (Sep.): 577-591.

[11] Ou Y, Shi W, Smith S J, et al. Estimating environmental co-benefits of U.S. low-carbon pathways using an integrated assessment model with state-level resolution[J]. Appl Energy, 2018, 216 (Apr.15): 482-493.

[12] Markandya A, Sampedro J, Smith S J, et al. Health co-benefits from air pollution and mitigation costs of the Paris Agreement: a modelling study[J]. Lancet Planet Health, 2018, 2 (3): e126.

[13] Rafaj P, Schoepp W, Russ P, et al. Co-benefits of post-2012 global GHG-mitigation policies[R]. 2011.

[14] Chae Y. Co-benefit analysis of an air quality management plan and greenhouse gas reduction strategies in the Seoul metropolitan area[J]. Environmental Science & Policy, 2010, 13 (3): 205-216.

[15] Portugal-Pereira J, Koberle A, Lucena A, et al. Interactions between global climate change strategies and local air pollution: lessons learnt from the expansion of the power sector in Brazil[J]. Climatic Change, 2018 (5): 1-17.

[16] Nam K M, Waugh C J, Paltsev S, et al. Synergy between pollution and carbon emissions control: Comparing China and the United States[J]. Energy

Economics，2014，46（Nov.）：186-201.

[17] Zhang Y，Smith S J，Bowden J H，et al. Co-benefits of global，domestic，and sectoral greenhouse gas mitigation for US air quality and human health in 2050[J]. Environmental Research Letters，2017，12（11）：114033.

[18] Williams C，Hasanbeigi A，Price L，et al. International experiences with quantifying the co-benefits of energy-efficiency and greenhouse-gas mitigation programs and policies[R]. 2012.

[19] Liu M，Huang Y，Jin Z，et al. Estimating health co-benefits of greenhouse gas reduction strategies with a simplified energy balance based model：The Suzhou City case[J]. Journal of Cleaner Production，2017，142：3332-3342.

[20] Zeng A，Mao X，Hu T，et al. Regional co-control plan for local air pollutants and CO_2 reduction：method and practice[J]. Journal of Cleaner Production，2017，140：1226-1235.

[21] West J J，Osnaya P，Laguna I，et al. Co-control of urban air pollutants and greenhouse gases in mexico city[J]. Environmental Science & Technology，2004，38（13）：3474-3481.

[22] Chen Y，Harry F L，Wang K，et al. Synergy between virtual local air pollutants and greenhouse gases emissions embodied in China's international trade[J]. 资源与生态学报（英文版），2017，8（6）：571-583.

[23] Wei P，Yang J，F Wagner，et al. Substantial air quality and climate co-benefits achievable now with sectoral mitigation strategies in China[J]. Science of The Total Environment，2017，598（Nov.15）：1076-1084.

[24] Liu F，Klimont Z，Zhang Q，et al. Integrating mitigation of air pollutants and

greenhouse gases in Chinese cities: development of GAINS-City model for Beijing[J]. Journal of Cleaner Production, 2013, 58（Nov.1）: 25-33.

[25] Qin Y, Wagner F, Scovronick N, et al. Air quality, health, and climate implications of China's synthetic natural gas development[J]. Proceedings of the National Academy of Sciences of the United States of America, 2017, 114 （19）: 4887.

[26] Brunel C, Johnson E P. Two birds, one stone? Local pollution regulation and greenhouse gas emissions[J]. Energy Economics, 2018, 78: 1-12.

[27] Bollen J, Zwaan B, Brink C, et al. Local air pollution and global climate change: A combined cost-benefit analysis[J]. Resource & Energy Economics, 2009, 31（3）: 161-181.

[28] Burtraw D, Krupnick A, Palmer K, et al. Ancillary benefits of reduced air pollution in the US from moderate greenhouse gas mitigation policies in the electricity sector[J]. Journal of Environmental Economics & Management, 2003, 45（3）: 650-673.

[29] Cifuentes L, Borja-Aburto V H, Gouveia N, et al. Assessing the health benefits of urban air pollution reductions associated with climate change mitigation （2000-2020）: Santiago, So Paulo, México City, and New York City.[J]. Environmental Health Perspectives, 2001, 109: 419-425.

[30] Jack D W, Kinney P L. Health co-benefits of climate mitigation in urban areas[J]. Current Opinion in Environmental Sustainability, 2010, 2（3）: 172-177.

[31] Aunan K, Fang J, Vennemo H, et al. Co-benefits of climate policy—lessons

learned from a study in Shanxi, China[J]. Energy Policy, 2004, 32（4）: 567-581.

[32] Aunan K, Fang J, Hu T, et al. Climate change and air quality——measures with co-benefits in China.[J]. Environmental Science & Technology, 2006, 40（16）: 9-4822.

[33] Li M, Da Z, Li C T, et al. Air quality co-benefits of carbon pricing in China[J]. Nature Climate Change, 2018（8）: 398-403.

[34] Rafaj P, Schpp W, Russ P, et al. Co-benefits of post-2012 global climate mitigation policies[J]. Mitigation & Adaptation Strategies for Global Change, 2013, 18（6）: 801-824.

[35] Shrestha R M, Pradhan S. Co-benefits of CO_2 emission reduction in a developing country[J]. Energy Policy, 2010, 38（5）: 2586-2597.

[36] Williams M L. UK air quality in 2050—synergies with climate change policies[J]. Environmental Science & Policy, 2007, 10（2）: 169-175.

[37] 王冰妍, 陈长虹, 黄成, 等. 低碳发展下的大气污染物和 CO_2 排放情景分析-上海案例研究[J]. 能源研究与信息, 2004, 20（3）: 9.

[38] 邢有凯. 北京市 "煤改电" 工程对大气污染物和温室气体的协同减排效果核算[C]//中国环境科学学会 2016 年学术年会. 2016.

[39] IPCC. IPCC Second Assessment Report: Climate Change 1995[EB/OL].（1995-11-27）. https: //www.ipcc.ch/site/assets/uploads/2018/05/2nd-assessment-en-1.pdf.

[40] IPCC. IPCC Third Assessment Report: Climate Change 2001[EB/OL].（2001-01-20）. https: //www.ipcc.ch/site/assets/uploads/2018/05/SYR_TAR_

full_report.pdf.

[41] IPCC. IPCC Fourth Assessment Report: Climate Change 2007[EB/OL].（2007-01-29）. https://www.ipcc.ch/assessment-report/ar4/.

[42] IPCC. IPCC Fifth Assessment Report: Climate Change 2014[EB/OL].（2014-03-07）. https://www.ipcc.ch/assessment-report/ar5/.

[43] 中国城市温室气体工作组. 中国城市 CO_2 排放和大气污染物数据集（2015）[M]. 北京：中国环境出版社，2019.

[44] 生态环境部. 大气可吸入颗粒物一次源排放清单编制技术指南（试行）[EB/OL].（2014-12-31）. https://www.mee.gov.cn/gkml/hbb/bgg/201501/W020150107594587771088. pdf.

[45] 生态环境部.道路机动车大气污染物排放清单编制技术指南(试行)[EB/OL].（2014-12-31）. https://www.mee.gov.cn/gkml/hbb/bgg/201501/W02015010759 4587831090.pdf.

[46] 生态环境部.非道路移动源大气污染物排放清单编制技术指南（试行）[EB/OL].（2014-12-31）. https://www.mee.gov.cn/gkml/hbb/bgg/201501/W020150107594587960717.pdf.

[47] 生态环境部.生物质燃烧源大气污染物排放清单编制技术指南（试行）[EB/OL].（2014-12-31）. https://www.mee.gov.cn/gkml/hbb/bgg/201501/W020150107594588071383.pdf.

[48] 生态环境部.扬尘源颗粒物排放清单编制技术指南（试行）[EB/OL].（2014-12-31）.https://www.mee.gov.cn/gkml/hbb/bgg/201501/W02015010759 4588131490.pdf.

[49] Liu Z, Guan D, Scott M, et al. Climate policy: Steps to China's carbon peak[J].

Nature，2015，522（7556）：279-281.

[50] 生态环境部. 中华人民共和国气候变化第二次两年更新报告[EB/OL].
（2018-12-12）.https://www.mee.gov.cn/ywgz/ydqhbh/wsqtkz/201907/P02019
0701765971866571.pdf.

[51] Inha，Wang-Jin，Yoo，et al. Impact and Interactions of Policies for Mitigation
of Air Pollutants and Greenhouse Gas Emissions in Korea.[J]. International
journal of environmental research and public health，2019，16（7）：1161.

[52] Lu X，Zhang S，Xing J，et al. Progress of Air Pollution Control in China and
Its Challenges and Opportunities in the Ecological Civilization Era[J].
Engineering，2020（12）：1423-1431.

[53] Zhang Q，Zheng Y，Tong D，et al. Drivers of improved $PM_{2.5}$ air quality in
China from 2013 to 2017[J]. Proceedings of the National Academy of
Sciences，2019，116（49）：24463-24469.

[54] Zheng Yixuan，Xue Tao，Zhang Qiang，et al. Air quality improvements and
health benefits from China's clean air action since 2013[J]. Environmental
Research Letters，2017，12（11）：114020.

[55] 国务院. 国务院关于印发大气污染防治行动计划的通知[EB/OL].
（2013-09-10）.http://www.gov.cn/zwgk/2013-09/12/content_2486773.htm.

[56] 国务院. 国务院关于印发打赢蓝天保卫战三年行动计划的通知[EB/OL].
（2018-06-27）. http：//www.gov.cn/zhengce/content/2018-07/03/content_5303158.
htm.

[57] Dian，Ding，Jia，et al. Estimated Contributions of Emissions Controls，
Meteorological Factors，Population Growth，and Changes in Baseline Mortality

to Reductions in Ambient and Related Mortality in China，2013-2017[J]. Environmental health perspectives，2019，127（6）：67009.

[58] Cai S，Wang Y，Zhao B，et al. The impact of the"Air Pollution Prevention and Control Action Plan" on $PM_{2.5}$ concentrations in Jing-Jin-Ji region during 2012-2020[J]. Science of the Total Environment，2017，580（Feb.15）：197-209.

[59] 中国环境监测总站. 全国空气质量预报信息发布系统[EB/OL]. https：//air.cnemc.cn：18014/.

[60] Xing J，Ding D，Wang S，et al. Development and application of observable response indicators for design of an effective ozone and fine-particle pollution control strategy in China[J]. Atmospheric Chemistry and Physics，2019，19（21）：13627-13646.

[61] Li K，Jacob D J，Liao H，et al. A two-pollutant strategy for improving ozone and particulate air quality in China[J]. Nature Geoscience，2019，12（11）：906-910.

[62] Li K，Jacob D J，Liao H，et al. Anthropogenic drivers of 2013-2017 trends in summer surface ozone in China[J]. Proceedings of the National Academy of Sciences，2019，116（2）：422-427.

[63] Burnett R，Chen H，Fann N，et al. Global estimates of mortality associated with long-term exposure to outdoor fine particulate matter[J]. Proceedings of the National Academy of Sciences，2018，115（38）：9592-9597.

[64] A Prof Bert Brunekreef，B Prof Stephen T. Holgate. Air pollution and health [J]. Lancet（London，England），2002，360（9341）：1233-1242.

[65] Huang J，Pan X，Guo X，et al. Health impact of China's Air Pollution

Prevention and Control Action Plan: an analysis of national air quality monitoring and mortality data[J]. Lancet Planetary Health, 2018, 2 (7): e313-e323.

[66] Edenhofer O. Climate Change 2014: Mitigation of Climate Change. Contribution of Working Group III to the Fifth Assessment Report of the Intergovernmental Panel on Climate Change[M]. Contribution of Working Group I to the Fourth Assesment Report of the Intergovernmental Panel on Climate Change, Climate Change 2007: The Physical Science Basis, 2007.

[67] Gitarskiy M L. The Refinement to the 2006 Ipcc Guidelines for national greenhouse gas inventories[R]. 2019.

[68] Haines A, Mcmichael A, Smith K R, et al. Public health benefits of strategies to reduce greenhouse-gas emissions: overview and implications for policy makers[J]. Lancet, 2009, 374 (9707): 2104-2114.

[69] Harlan S L, Ruddell D M. Climate change and health in cities: impacts of heat and air pollution and potential co-benefits from mitigation and adaptation[J]. Current Opinion in Environmental Sustainability, 2011, 3 (3): 126-134.

[70] Nemet G F, Holloway T, Meier P. Implications of incorporating air-quality co-benefits into climate change policymaking[J]. Environmental Research Letters, 2010, 5 (1): 14007.

[71] West J Jason, Smith Steven J, Silva Raquel A, et al. Co-benefits of mitigating global greenhouse gas emissions for future air quality and human health[J]. Nature Climate Change, 2013, 3 (10): 885-889.

[72] Wilkinson P, Smith K R, Davies M, et al. Public health benefits of strategies to

reduce greenhouse-gas emissions: household energy[J]. The Lancet, 2009. 374(9705): 1917-1929.

[73] Li M，Da Z，Li C. T，et al. Air quality co-benefits of carbon pricing in China[J]. Nature Climate Change，2018，8（D21）：398-403.

[74] Zhang Y，Smith S J，Bowden J H，et al. Co-benefits of global，domestic，and sectoral greenhouse gas mitigation for US air quality and human health in 2050[J]. Environmental Research Letters，2017，12（11）：114033.

[75] Zhang S，Ren H，Zhou W，et al. Assessing air pollution abatement co-benefits of energy efficiency improvement in cement industry：A city level analysis[J]. Journal of Cleaner Production，2018，185（Jun.1）：761-771.

[76] 宋飞，付加锋. 世界主要国家温室气体与二氧化硫的协同减排及启示[J]. 资源科学，2012，34（8）：1439-1444.

[77] 薛婕，罗宏，吕连宏，等. 中国主要大气污染物和温室气体的排放特征与关联性[J]. 资源科学，2012，34（8）：1452-1460.

[78] 刘强，田川，李卓，等. 煤炭总量控制的碳减排协同效应分析[J]. 中国能源，2014，36（10）：17-21.

[79] 马丁，陈文颖. 中国钢铁行业技术减排的协同效益分析[J]. 中国环境科学，2015，35（1）：298-303.

[80] Zhang Shaohui，Worrell Ernst，Crijns-Graus Wina，et al. Co-benefits of energy efficiency improvement and air pollution abatement in the Chinese iron and steel industry[J]. Energy，2014，78：333-345.

[81] 毛显强，邢有凯，胡涛，等. 中国电力行业硫、氮、碳协同减排的环境经济路径分析[J]. 中国环境科学，2012，32（4）：748-756.

[82] 周颖, 刘兰翠, 曹东. CO_2 和常规污染物协同减排研究[J]. 热力发电, 2013, 42 (9): 63-65.

[83] 周颖, 张宏伟, 蔡博峰, 等. 水泥行业常规污染物和 CO_2 协同减排研究[J]. 环境科学与技术, 2013, 36 (12): 164-168.

[84] 庞军, 石媛昌, 冯相昭, 等. 实施低碳水泥标准的影响及协同减排效果分析[J]. 气候变化研究进展, 2013, 9 (4): 275-283.

[85] Jack D W, Kinney P L. Health co-benefits of climate mitigation in urban areas[J]. Current Opinion in Environmental Sustainability, 2010, 2 (3): 172-177.

[86] Bugge H C, Karen H, Holm P E. Exploiting Soil-Management Strategies for Climate Mitigation in the European Union: Maximizing "Win-Win" Solutions across Policy Regimes[J]. Ecology and Society, 2011, 16 (4): 22.

[87] Shindell, Drew. Simultaneously Mitigating Near-Term Climate Change and Improving Human Health and Food Security.[J]. Science, 2012, 335 (6065): 183-189.

[88] Baste I, Dronin N, Evans T, et al. Global Environment Outlook (GEO-5), summary for policy makers[R]. United Nations Environment Programme, 2012.

[89] Smith Kirk R, Jerrett Michael, Anderson H Ross, et al. Public health benefits of strategies to reduce greenhouse-gas emissions: health implications of short-lived greenhouse pollutants[J]. The Lancet, 2009, 374 (9707): 2091-2103.

[90] 章峰. 空气污染及气象因素对呼吸系统疾病就诊人次的影响[D]. 兰州: 兰州大学, 2018.

[91] Sheng，Rongrong，Li，et al. Does hot weather affect work-related injury？A case-crossover study in Guangzhou，China[J]. International Journal of Hygiene & Environmental Health，2018，221（3）：423-428.

[92] 钱颖骏，李石柱，王强，等. 气候变化对人体健康影响的研究进展[J]. 气候变化研究进展，2010，6（4）：241-247.

[93] Zander K K，Botzen Wjw，Oppermann E，et al. Heat stress causes substantial labour productivity loss in Australia[J]. Nature Climate Change，2015，5（7）：647-651.

[94] 谭琦璐，温宗国，杨宏伟. 控制温室气体和大气污染物的协同效应研究评述及建议[J]. 环境保护，2018，46（24）：51-57.

[95] 刘晶. 大气污染物和温室气体协同控制的法律分析[C]//新时代环境法的新发展——流域（区域）环境法治的理论与实践：中国法学会环境资源法学研究会 2018 年年会暨 2018 年全国环境资源法学研讨会论文集（理论编）. 2018.

[96] 傅京燕，刘佳鑫. 气候变化政策的协同收益研究述评[J]. 环境经济研究，2018，3（2）：134-148.

[97] 惠婧璇. 基于中国省级电力优化模型的低碳发展健康影响研究[D]. 北京：清华大学，2018.

[98] 张芮，陈伟，张紫禾，等. CO_2 排放检测技术应用与拓展浅析[J]. 资源节约与环保，2018（3）：99-101.

[99] 王喆. 局地大气污染物与温室气体减排政策协同效应研究[D]. 天津：天津大学，2017.

[100] 汪斌，张欣欣，解玉磊. 京津冀电力结构调整大气污染物及 CO_2 减排效应

研究[J]. 安全与环境学报，2018，18（2）：734-738.

[101] 唐伟，郑思伟，何平，等. 杭州市城市生活垃圾处理主要温室气体及 VOCs 排放特征[J]. 环境科学研究，2018，31（11）：1883-1890.

[102] 唐伟，何平，杨强，等. 基于 IVE 模型和大数据分析的杭州市道路移动源主要温室气体排放清单研究[J]. 环境科学学报，2018，38（4）：1368-1376.

[103] 黄骞，郑颖尔，邓钰桥. 基于 XGBoost 节假日路网流量预测研究[J]. 公路，2018，63（12）：229-233.

[104] Song X Y, Sun X Y, Yang Z. Abnormal user identification based on XGBoost algorithm[J]. Journal of Measurement Science and Instrumentation, 2018, 9(4): 339-346.

[105] 许裕栗，杨晶，李柠，等. Xgboost 算法在区域用电预测中的应用[J]. 自动化仪表，2018，39（7）：1-5.

[106] 刘振辉. 基于多模型融合的交通流量预测[J]. 科技视界，2018（2）：221，170.

[107] 杨文越，曹小曙. 多尺度交通出行碳排放影响因素研究进展[J]. 地理科学进展，2019，38（11）：1814-1828.

[108] 凤振华，王雪成，张海颖，等. 低碳视角下绿色交通发展路径与政策研究[J]. 交通运输研究，2019，5（4）：37-45.

[109] 刘凯，晏为谦，于文益. 广东省电力生产活动碳排放特征研究[J]. 科技管理研究，2019，39（23）：250-255.

[110] 田丹宇，郑文茹. 推进应对气候变化立法进程的思考与建议[J]. 环境保护，2019，47（23）：49-51.

[111] 陈建斌，刘辰魁，屈宏强，等. 碳核查中数据精准的探讨[J]. 中国计量，

2017（11）：47-49.

[112] 马翠梅，王田. 国家温室气体清单编制工作机制研究及建议[J]. 中国能源，2017，39（4）：20-24.

[113] 鲁亚霜，王颖，张岳武. 国家温室气体排放统计核算报告体系现状研究[J]. 环境影响评价，2017，39（2）：72-75.

[114] 郭秀锐，刘芳熙，符立伟，等. 基于 LEAP 模型的京津冀地区道路交通节能减排情景预测[J]. 北京工业大学学报，2017，43（11）：1743-1749.

[115] 薛冰. 空气污染物与温室气体的协同防控[J]. 改革，2017（8）：78-80.

[116] 车明，单维平，于小迪，等. 天然气有效利用对减少城市温室气体排放的分析[J]. 中国能源，2017，39（4）：32-38.

[117] 谭琦璐，杨宏伟. 京津冀交通控制温室气体和污染物的协同效应分析[J]. 中国能源，2017，39（4）：25-31.

[118] 程晓梅，刘永红，陈泳钊，等. 珠江三角洲机动车排放控制措施协同效应分析[J]. 中国环境科学，2014，34（6）：1599-1606.

附 表

主要行业部门部分情景参数设置

		年份	活动水平		能源效率		能源结构	
			基准情景	达峰情景	基准情景	达峰情景	基准情景	达峰情景
建筑部门	城镇居民建筑	2015	24 922.6 万 m²	24 922.6 万 m²	16.66 kgce/m²	16.66 kgce/m²	35.5：34.1：30.4：0①	35.5：34.1：30.4：0①
		2020	4.00%	4.00%	0.60%	0.60%	30：36：33.8：0.2①	25：39：35.5：0.5①
	农村居民建筑	2015	6 498.3 万 m²	6 498.3 万 m²	15.47 kgce/m²	15.47 kgce/m²	0.3：28：0：71.7：0②	0.3：28：0：71.7：0②
		2020	2.90%	2.90%	0.14%	0.14%	0：25：1：73：1②	0：22：2：74：2②
	写字楼建筑	2015	2 506 万 m²	2 506 万 m²	137.7 kW·h/m²	137.7 kW·h/m²	96.6：3.4：0：0③	96.6：3.4：0：0③
	写字楼建筑	2020	4.10%	4.30%	0.72%	0.50%	96.9：2.8：0.3：0③	97.5：2：0.5：0③
	商业建筑	2015	10 871 万 m²	10 871 万 m²	151 kW·h/m²	151 kW·h/m²	80：20：0：0③	80：20：0：0③
		2020	4.10%	4.30%	0.05%	-0.20%	81：16.5：1.5：1③	83：12：3：2③

		活动水平		能源效率		能源结构	
	年份	基准情景	达峰情景	基准情景	达峰情景	基准情景	达峰情景
建筑部门 教育建筑	2015	2 157 万 m²	2 157 万 m²	78 kW·h/m²	78 kW·h/m²	95.5 : 4.5 : 0 : 0③	95.5 : 4.5 : 0 : 0③
	2020	4.10%	4.30%	0.15%	−0.40%	95.5 : 3.7 : 0.3 : 0.5③	95.5 : 3 : 0.5 : 1③
建筑部门 医疗建筑	2015	284 万 m²	284 万 m²	253 kW·h/m²	253 kW·h/m²	68.1 : 31.9 : 0 : 0③	68.1 : 31.9 : 0 : 0③
	2020	4.10%	4.30%	−0.36%	−0.57%	69.4 : 28 : 2 : 0.6③	70 : 25 : 4 : 1③
交通部门 公交车	2015	13 930 辆	13 930 辆	0.431 8 kgce/ km	0.431 8 kgce/ km	55 : 0.8 : 24.7 : 19.5④	55 : 0.8 : 24.7 : 19.5④
	2020	3.00%	3.00%	−0.16%	−1.09%	30 : 25 : 30 : 15④	10 : 63 : 18 : 9④
交通部门 出租车	2015	22 022 辆	22022 辆	0.122 6 kgce/ km	0.122 6 kgce/ km	100 : 0 : 0 : 0⑤	100 : 0 : 0 : 0⑤
	2020	2.85%	2.85%	−7.02%	−7.22%	40 : 10 : 20 : 30⑤	10 : 9 : 63 : 18⑤
交通部门 地铁	2015	169.5 亿人·km	169.5 亿人·km	0.008 kgce/(人·km)	0.008 kgce/(人·km)	ELE 100%	ELE 100%
	2020	7.70%	8.40%	−0.40%	−0.50%	ELE 100.00%	ELE 100.00%

	年份	活动水平		能源效率		能源结构	
		基准情景	达峰情景	基准情景	达峰情景	基准情景	达峰情景
私人小汽车	2015	166.9 万辆	166.9 万辆	0.103 3 kgce/km	0.103 3 kgce/km	100 : 0 : 0⑥	100 : 0 : 0⑥
	2020	6.80%	6.60%	-7.30%	-7.40%	95.1 : 2.9 : 2⑥	93 : 03 : 04⑧
公路客车	2015	860 亿人·km	860 亿人·km	0.012 kgce/(人·km)	0.012 kgce/(人·km)	23.3 : 76.7 : 0⑦	23.3 : 76.7 : 0⑦
	2020	3.90%	3.90%	-0.20%	-0.40%	19 : 79 : 2⑦	19 : 78 : 3⑦
铁路客车	2015	450 亿人·km	450 亿人·km	0.004 kgce/(人·km)	0.004 kgce/(人·km)	36.4 : 63.6⑧	36.4 : 63.6⑧
	2020	3.30%	3.30%	-0.63%	-0.63%	33 : 67⑧	33 : 67⑧
航空客运	2015	1 355 亿人·km	1 355 亿人·km	0.271 kgce/(人·km)	0.271 kgce/(人·km)	JK 100%	JK 100%
	2020	3.40%	3.40%	-0.81%	-1.02%	JK 100.00%	JK 100.00%
水路客运	2015	1.9 亿人·km	1.9 亿人·km	0.009 kgce/(人·km)	0.009 kgce/(人·km)	Des 100%	Des 100%
	2020	-1.00%	-1.00%	-0.40%	-0.71%	Des 100.00%	Des 100.00%
公路货运	2015	843 亿 t·km	843 亿 t·km	0.062 kgce/(t·km)	0.062 kgce/(t·km)	10.8 : 89.2 : 0⑦	10.8 : 89.2 : 0⑦
	2020	5.80%	5.80%	-0.40%	-0.60%	8 : 91 : 1⑦	8 : 90 : 2⑦
铁路货车	2015	178 亿 t·km	178 亿 t·km	0.004 kgce/(t·km)	0.004 kgce/(t·km)	36.4 : 63.6⑧	36.4 : 63.7⑧
	2020	-0.10%	-0.10%	-0.64%	-0.64%	35 : 65⑧	35 : 65⑧

交通部门

部门	行业	企业	年份	活动水平 基准情景	活动水平 达峰情景	能源效率 基准情景	能源效率 达峰情景	能源结构 基准情景	能源结构 达峰情景
交通部门	航空货运		2015	51.3 亿 t·km	51.3 亿 t·km	0.335 kgce/(t·km)	0.335 kgce/(t·km)	JK 100%	JK 100%
			2020	17.00%	17.00%	-0.80%	-1.00%	JK 100.00%	JK 100.00%
	水路货运		2015	7 978 亿 t·km	7 978 亿 t·km	0.004 kgce/(t·km)	0.004 kgce/(t·km)	FO 100%	FO 100%
			2020	3.00%	3.00%	-0.30%	-0.60%	FO 100.00%	FO 100.00%
工业部门	钢铁行业	某钢铁企业	2015	237 万 t	237 万 t	262.7kgce/t	262.7kgce/t	35 : 65[5]	35 : 65[6]
			2020	0.00%	0.00%	-2.10%	-2.10%	34 : 66[7]	33 : 67[8]
		其他企业	2015	523 万 t	523 万 t	45.2kgce/t	45.2kgce/t	15.1 : 42.2 : 0 : 3.8 : 38.9[9]	15.1 : 42.2 : 0 : 3.8 : 38.9[10]
			2020	0.00%	0.00%	-2.10%	-2.10%	14.5 : 40.2 : 1.5 : 3.8 : 40[10]	14.5 : 33.7 : 3 : 3.8 : 45[10]
	水泥行业	某水泥企业	2015	539.5 万 t	539.5 万 t	62.0kgce/t	62.0kgce/t	62 : 38[11]	62 : 38[11]
			2020	-0.70%	-0.70%	-2.30%	-2.30%	60 : 40[11]	59.5 : 39.5[11]
		其他企业	2015	241.5 万 t	241.5 万 t	63.3kgce/t	63.3kgce/t	38.5 : 27.5 : 3 : 31 : 0[12]	38.5 : 27.5 : 3 : 31 : 0[12]
			2020	-0.70%	-0.70%	-2.30%	-2.30%	37 : 28.6 : 3.5 : 31 : 0[12]	36 : 26.1 : 5 : 31 : 2[12]

	年份	活动水平		能源效率		能源结构	
		基准情景	达峰情景	基准情景	达峰情景	基准情景	达峰情景
工业部门 造纸行业 某造纸企业	2015	18万t	18万t	1730.1kgce/t	1730.1kgce/t	75:25[13]	75:25[13]
	2020	-1.20%	-1.50%	-1.70%	-1.70%	74:26[14]	73.27[14]
其他企业	2015	193万t	193万t	226kgce/t	226kgce/t	55.5:2.7:0:19.5:22.3[16]	55.5:2.7:0:19.5:22.3[16]
	2020	-1.20%	-1.50%	-1.70%	-1.70%	52:5.2:1:19.5:22.3[16]	50:5.7:2.5:19.5:22.3[16]
汽车制造业	2015	221万t	221万t	218kgce/年	218kgce/年	5.2:25.5:11:8.6:49.7[16]	5.2:25.5:11:8.6:49.7[16]
	2020	11.12%	11.12%	-2.10%	-2.50%	5:24.9:11:8.6:50.5[16]	5:23.4:12:8.6:51[15]
石化行业 某石化企业	2015	470亿元	470亿元	440.3kgce/万元	440.3kgce/万元	38.9:0.2:0:28.5[15]	38.9:0.2:0:28.5[15]
	2020	10.38%	9.90%	2.30%	2.30%	38.4:0.2:0:29[13]	38:0.2:0.4:29[15]
其他企业	2015	2083.16亿元	2083.16亿元	873kgce/万元	873kgce/万元	15.8:39.4:0:23.2:21.6[16]	15.8:39.4:0:23.2:21.6[16]
	2020	10.38%	9.90%	2.30%	2.30%	15:36.8:0:23.2:25[16]	14.5:31.8:0.5:23.2:30[16]

部门	行业		年份	活动水平		能源效率		能源结构	
				基准情景	达峰情景	基准情景	达峰情景	基准情景	达峰情景
工业部门	纺织行业	某纺织企业	2015	50.35 亿元	50.35 亿元	0.358tce/万元	0.358tce/万元	86.3∶13.7 [①]	86.3∶13.7 [①]
			2020	1.8%	1.7%	-0.45%	-0.45%	86.3∶13.7 [①]	85∶15 [①]
		其他企业	2015	140.65 亿元	140.65 亿元	2.03tce/万元	2.03tce/万元	53.2∶1.6∶0∶25.6∶19.6 [⑧]	53.2∶1.6∶0∶25.6∶19.6 [⑧]
			2020	1.8%	1.7%	-0.45%	-0.45%	51.5∶1.6∶0∶25.6∶21.3 [⑧]	50∶1.6∶0∶25.6∶22.8 [⑧]
	电子产品制造业		2015	2789.3 亿元	2789.3 亿元	0.084tce/万元	0.084tce/万元	13.2∶7.2∶79.6 [⑥]	OIL∶NG∶ELE13.2∶7.2∶79.6 [⑭]
			2020	14.44%	14.00%	-2.50%	-2.50%	12.4∶7.6∶80 [⑭]	12.4∶7.6∶80 [⑭]
	设备制造业		2015	586 亿元	586 亿元	0.196tce/万元	0.196tce/万元	15.7∶33.5∶5.7∶45.1 [⑫]	15.7∶33.5∶5.7∶45.1 [⑫]
			2020	6.30%	5.80%	-2.10%	-2.10%	15∶33.5∶6∶45.5 [⑬]	15∶33∶6∶46 [⑬]

	年份	装机量/(万kW) 基准情景	装机量/(万kW) 达峰情景	发电能耗[gce/(k·Wh)] 基准情景	发电能耗[gce/(k·Wh)] 达峰情景	发电时数 基准情景	发电时数 达峰情景
煤电 某电力企业	2015	128	128	310.85	310.85	6 056.52	6 056.52
	2020	128	128	309.1	308	6 000	6 000
某热力企业	2015	104	104	357.7	357.7	8 640	8 640
	2020	104	104	349.1	348	8 640	8 640
其他企业	2015	273	273	310.85	310.85	5 800	5 800
	2020	273	273	309.1	308	5 800	5 800
气电	2015	132.5	132.5	300	298	2 900	2 950
	2020	132.5	738.5	300	298	2 900	2 950
水电	2015	258	258	0	0	2 385	2 385
	2020	258	258	0	0	2 385	2 385
生物质发电	2015	8.2	8.2	0	0	4 000	4 000
	2020	8.2	8.2	0	0	4 000	4 000
光伏发电	2015	16	16	0	0	1 000	1 040
	2020	200	200	0	0	1 000	1 080
风力发电	2015	0	0	0	0	1 500	1 580
	2020	3	13	0	0	1 500	1 580

注：1. 表中不同情景下的百分数为5年间的年均增长率。2. 能源结构中：①LPG：NG：ELE：SOL，②CO：LPG：NG：ELE，③ELE：LPG：NG：SOL，④LPG：NG：HEAT：ELE，⑤LPG：CNG：EV：HV，⑥Gal：HV：EV，⑦Gal：Des：NG，⑧Des：ELE，⑨OIL：ELE，⑩CO：OIL：NG：HEAT：ELE，⑪CO：NG：ELE，⑫CO：OIL：NG：ELE：Bio，⑬CO：OIL：NG：ELE，⑭OIL：NG：ELE，其中LPG为液化石油气，NG为天然气，ELE为电力，SOL为太阳阴能（光热），CO为煤炭，EV为电动车，HV为混合动力车，LNG为液化天然气，CNG为压缩天然气，Gal为汽油车，Des为柴油车，OIL为油品，HEAT为热力，Bio为生物质能。3. 表中JK为航空煤油、FO为燃料油。